Festigkeitsberechnung rotierender Scheiben

Von

Dr. phil. I. Malkin, Ing.

Westinghouse Electric & Manufacturing Company
South Philadelphia Works, Philadelphia, Pa.

Mit 3 Normal-Zahlentabellen
und 32 Textabbildungen

Berlin
Verlag von Julius Springer
1935

ISBN-13: 978-3-642-90072-3   e-ISBN: 978-3-642-91929-9

DOI: 10.1007/978-3-642-91929-9

Vorwort.

Die vorliegende Schrift verdankt ihre Entstehung dem Auftrage, der seitens der Westinghouse Electric & Manufacturing Company, South Philadelphia Works, Philadelphia, Pa., im Januar des Jahres 1932 dem Unterzeichneten erteilt worden war. Der Auftrag hatte zum Gegenstand ein vergleichendes Studium der bereits existierenden Verfahren zur Festigkeitsberechnung von Dampfturbinen-Laufradscheiben, gegebenenfalls ergänzt durch weitere Lösungen des Problems. Der Frage der Normalisierungsmöglichkeiten sollte hierbei besondere Beachtung geschenkt werden.

Neue Lösungen des Festigkeitsproblems der rotierenden Scheibe wurden vom Verfasser in Fachzeitschriften veröffentlicht. Was aber die bereits vorher bekannten Lösungen betrifft, so sind mehrere wichtige Beiträge zum Scheibenproblem ebenfalls erst nach dem Erscheinen der letzten Auflage des weit verbreiteten Stodolaschen Lehr- und Handbuches über den Dampf- und Gasturbinenbau in verschiedenen Zeitschriften zerstreut abgedruckt worden. Mit Rücksicht hierauf empfahl sich im Interesse des praktischen Dampfturbinen-Ingenieurs von selbst eine zusammenfassende einheitliche Darstellung des Gegenstandes für den täglichen Gebrauch im technischen Bureau. Zu diesem Zweck war nur eine gewisse Erweiterung der im ersten Absatz genannten Studien erforderlich. Der Verfasser hat sich Mühe gegeben, diese Studien und seine eigenen Beiträge zum Festigkeitsproblem der rotierenden Scheibe zu einem organisch zusammenhängenden Bericht zu verarbeiten, und er hofft damit einen willkommenen Zusatz zum Stodolaschen Werk geliefert zu haben.

Bei einem Bericht dieser Art muß auch der Zusammenhang mit den wissenschaftlichen Grundlagen des Problems aufrechterhalten bleiben. Wegen der stets fortschreitenden Weiterentwicklung der in der Industrie gebräuchlichen Formen darf der Berechnungsingenieur diesen Zusammenhang nicht aus der Sicht verlieren, falls die Gefahr unberechtigter Analogien und Verallgemeinerungen vermieden werden soll. Die hierhergehörigen Fragen werden im ersten Kapitel eingehend behandelt. Andererseits ist es bei einer solchen Monographie auch notwendig, auf gewisse Nebenfragen einzugehen, die sich aus den Zusammenhängen mit benachbarten Problemen ergeben. Eine Reihe solcher Nebenfragen wird im Schlußkapitel besprochen. Von der Behandlung ausgeschlossen sind allerdings die Frage der Scheibenschwingungen und die der thermoelastischen Spannungen, die über den ursprünglich beabsichtigten Rahmen der Schrift weit hinausführen würden.

1*

Was die bei der Darstellung benutzten mathematischen Hilfsmitte
betrifft, so sind diese im allgemeinen dem Ingenieur durchaus geläufig
Etwas weitergehende Ansprüche stellen nur einige nachstehend genau
angegebene Abschnitte im ersten und im Schlußkapitel. Während sich
die Ausführungen nämlich sonst im Rahmen der technischen Mechanil
bewegen, wird in jenen Abschnitten von den Methoden der mathema
tischen Elastizitätslehre Gebrauch gemacht. Die Darstellung ist jedocl
durchweg anschaulich gehalten, sie dürfte für den mathematisch einiger
maßen orientierten Ingenieur auch an den schwierigeren Stellen durchau
lesbar sein. Um das Werkchen den immerhin engeren Bedürfnissen de
am Reißbrett beschäftigten Konstruktionsingenieurs bequem anpasse
zu können, sollen hier die auf die angedeuteten Zusammenhänge mi
den Grenzgebieten sich beziehenden und für die unmittelbare Verwendun
bei Entwurf und Berechnung nicht erforderlichen Abschnitte gleic
zusammengestellt werden: beim ersten Kapitel sind es die Paragraphe
2—4, beim sechsten Kapitel der Paragraph 10.

Zum Schluß möchte der Verfasser den Herren und Firmen auch a
dieser Stelle seinen Dank aussprechen, die die Entstehung dieser Schrif
ermöglicht haben, insbesondere dem Direktionsmitglied Herrn C. Richar
Soderberg der Westinghouse Electric & Manufacturing Com
pany, South Philadelphia Works, Philadelphia, Pa., der sic
für die Notwendigkeit der Durchführung der hier wiedergegebene
Studien und Untersuchungen trotz der erheblichen Schwierigkeiten de
allgemeinen finanziellen Lage mit Nachdruck eingesetzt hat, sowie de
Verlagsbuchhandlung Julius Springer, die die Herausgabe de
Arbeit übernommen und dem Werkchen die für diesen Verlag kenn
zeichnende gute Ausstattung gegeben hat.

New York, USA., im Mai 1935.

I. Malkin.

Inhaltsverzeichnis.

Einleitung.

1. Das Problem. Die rotierende Scheibe ist ein sehr wichtiges Element im modernen Maschinenbau. Sie findet weitgehendste Verwendung in der Dampfturbine; die Schleifmaschinenindustrie kann als ihr Ursprungsgebiet angesehen werden.

In ihrer Eigenschaft als ein grundlegender Konstruktionsteil in der Maschinentechnik hat die rotierende Scheibe zur Entstehung einer Reihe elastizitätstheoretischer Fragen Veranlassung gegeben. Die Gesamtheit dieser Fragen könnte man als das Problem der rotierenden Scheibe in einem weiteren Sinne des Wortes bezeichnen. Hierzu würde vor allen Dingen auch die Frage der Querschwingungen von Scheiben gehören, die im Dampfturbinenbau nicht selten zu gefährlichen Resonanzerscheinungen geführt haben; erhebliches Interesse würde hierbei ferner auch die Spezialfrage der Wärmespannungen verdienen, wie sie nämlich allgemein in den Konstruktionsteilen von Wärmekraftmaschinen auftreten und hauptsächlich bei der Inbetriebsetzung (Anlaßperiode) unzulässig hoch werden können. Das vorliegende Werkchen ist jedoch der Festigkeitsberechnung der rotierenden Scheibe in einem engeren Sinne des Wortes gewidmet. Die Umrisse des hier zu behandelnden Gebietes lassen sich wie folgt angeben.

Zunächst schalten wir die Bemerkung ein, daß, obwohl hier und im folgenden häufig von der rotierenden Scheibe allgemein die Rede sein wird, die besonderen Verhältnisse, die für die Arbeitsweise und die Gestaltung des Dampfturbinen-Laufrades maßgebend sind, stets im Vordergrunde stehen sollen. Wenn wir also von der „rotierenden Scheibe" schlechtweg sprechen, so ist damit nicht nur die rotierende Scheibe als solche gemeint, sondern vor allen Dingen speziell die Dampfturbinen-Laufradscheibe.

Indem wir nun von der Voraussetzung ausgehen, daß solche Nebeneinflüsse, wie Wärmespannungen und Schwingungserscheinungen, bereits berücksichtigt bzw. beseitigt worden seien, nehmen wir an, die gleichmäßig rotierende Scheibe sei ausschließlich durch Fliehkräfte beansprucht. In der Tat verlangt die Praxis häufig genug eine Berechnung auf dieser engeren Grundlage. Die Aufgabe des Konstrukteurs ist dann allgemein durch die beiden folgenden Forderungen gekennzeichnet:

1. Rein konstruktive Durchbildung der durch Fliehkräfte allein beanspruchten Scheibe nach den Gesichtspunkten einer günstigen Spannungsverteilung bei möglichst geringem Gewicht.

2. Bequeme rechnerische Handhabung im Konstruktionsbureau mit verhältnismäßig einfacher und schneller Ermittlung der Spannungsverteilung.

Diese zwei Forderungen bilden in ihrem gegenseitigen Zusammenhange den Gegenstand des engeren Problems der rotierenden Scheibe; in diesem engeren Sinne soll hier die Bezeichnung auch weiterhin gebraucht werden. Das Ziel der vorliegenden Schrift besteht im wesentlichen in einer einheitlichen Darstellung der Lösungen und Lösungsverfahren, die die technische Elastizitätslehre zu diesem engeren Problem ausgebildet hat.

Damit ist zunächst ein weiter Umkreis um das zu behandelnde Gebiet gezogen. Eine genauere Inhaltsangabe der beiden voranstehend angegebenen Forderungen setzt eine gewisse Vertrautheit mit den Betriebsverhältnissen und den konstruktiven Einzelheiten des Scheibenrades voraus. Eine Erörterung derselben ist auch mit Rücksicht auf die anzustrebende Klarheit der gesamten folgenden Darstellung erforderlich.

2. Bemerkungen zur Arbeitsweise und Konstruktion des Dampfturbinen-Laufrades[1]. Die von der Dampfturbinenwelle abzuleitende mechanische Arbeit wird aus der kinetischen Energie des der Turbine zugeführten Dampfes gewonnen. Diese Energieübertragung wird mit Hilfe eines geeignet ausgebildeten Schaufelreihensystems erzielt; die Schaufelreihen sind auf den Umfängen der Laufräder (oder zuweilen auf der Mantelfläche von Lauftrommeln) befestigt und werden hintereinander vom Dampf durchströmt. Die mit der Turbinenwelle starr verbundene Laufradscheibe ist ein Umdrehungskörper mit einer, wie wir hier annehmen wollen, zur Drehachse senkrechten Symmetrieebene, die die Mittelebene des Rades genannt wird.

Der Begriff der Scheibe setzt zwar voraus, daß das Verhältnis der Scheibendicke zum Scheibendurchmesser hinreichend klein ist. Die neuzeitige Entwicklung hat jedoch vielfach zu einer starken Vergrößerung der Schaufeldimensionen geführt, die ihrerseits eine starke Verbreiterung der Laufradscheibe zur Folge hat (s. z. B. Abb. 18).

Falls die umzusetzende spezifische Dampfenergie gering ist, so wird man sich mit einer einzigen Schaufelreihe und damit also mit einem einzigen Laufrad begnügen können. In diesem Falle kann die Verbindung zwischen Rad und Welle im wesentlichen nach Abb. 7 erfolgen; die Scheibe braucht dabei nicht durchbohrt zu werden.

In der Regel wird man aber gezwungen sein, den Dampf durch ein System von mehreren Schaufelreihen hindurchzuleiten. Dies führt auf

---

[1] Einen für das erste Studium bestimmten guten einleitenden Abschnitt über die wärmetechnischen, mechanischen und konstruktiven Grundlagen der Dampfturbine findet man im kürzlich erschienenen 1. Band des unter Mitarbeit und Leitung von G. S. Jiritzky herausgegebenen Sammelwerkes über „Dampfturbinen", Moskau, Staatsverlag, 1934 (in russischer Sprache), S. 11—72.

ein System von mehreren Laufrädern, einen Laufradsatz; die einzelnen Laufräder werden auf die Welle aufgesetzt und zu diesem Zweck durchbohrt.

Dementsprechend werden wir in der Regel also mit Scheiben zu tun haben, die mit einer kreiszylindrischen Zentralbohrung versehen sind. Vollscheiben kommen nur ausnahmsweise vor.

Um die Verbindung zwischen der durchbohrten Scheibe und der Welle so starr als irgend möglich zu machen, wird die Scheibe auf die Welle aufgeschrumpft. In der Praxis erfolgt dies in einer der beiden folgenden Arten. Man macht den Bohrdurchmesser etwas kleiner als den Wellendurchmesser und setzt die Scheibe in erwärmtem Zustande auf die Welle auf; bei der Abkühlung zieht sich die Scheibe zusammen, wodurch zwischen Rad und Welle eine kräftige Schrumpfpressung erzeugt wird. Oder aber man führt Bohrung und Welle mit einer geringen Konizität, dem sog. Anzug, aus und preßt die Scheibe mit Hilfe der hydraulischen Maschine auf die Welle auf. Die Differenz der Durchmesser von Welle und Bohrung in undeformiertem Zustande nennt man das Schrumpfmaß. Dieses wird so bemessen, daß bei einer bestimmten in Betracht zu ziehenden Maximalgeschwindigkeit die Schrumpfpressung praktisch gerade verschwindet. Eine Maximalgeschwindigkeit dieser Art ist durch die Abnahmevorschriften vorgesehen, wonach die Turbine bei der Ablieferung einer Prüfung mit erhöhter Geschwindigkeit unterworfen wird. Dementsprechend wird der Spannungsberechnung der Scheibe eine maximale Winkelgeschwindigkeit zugrunde gelegt, die die normale Winkelgeschwindigkeit um 20% übersteigt. Laut obigem setzen wir daher fest, daß die Schrumpfpressung bei 20% Übergeschwindigkeit verschwinden soll.

Daß die Einhaltung des Schrumpfmaßes eine sehr genaue Bearbeitung der Welle und der Bohrung notwendig macht, ist ohne weiteres klar. Eine solche Bearbeitung ist natürlich umständlich und kostspielig, besonders bei Bohrungen von beträchtlicher Länge. Um in solchen Fällen die Arbeitskosten zu vermindern, wird der mittlere Teil der Nabe, d. h. des eben begrenzten Scheibenteiles an der Bohrung, zuweilen ausgespart (s. Abb. 26).

Die Befestigung der Schaufeln im Radkranz erfolgt in mannigfacher Weise. Für unsere Zwecke genügt die Feststellung, daß die Schaufelreihe zusammen mit den zu ihrer Befestigung gehörigen Teilen und einem zur Aufnahme des Schaufelsatzes dienenden und dadurch in der Tragfähigkeit geschwächten Radkranzteiles die Fliehkraftbelastung des Außenrandes der Scheibe ergibt. Der nicht tragende Teil des Radkranzes und der der Rechnung zugrunde zu legende Außenradius des eigentlichen Scheibenkörpers müssen abgeschätzt werden. Dies kann mit praktisch hinreichender Genauigkeit erfolgen[1]. Dementsprechend werden wir in

---

[1] Siehe A. Stodola, Dampf- und Gasturbinen, 5. u. 6. Aufl., S. 315—317. 1922.

der Folge stets annehmen, daß die Belastung des Außenrandes $r = a$ der Scheibe (s. z. B. Abb. 18) gegeben ist.

Erfolgt die Energieübertragung auf das Laufrad nur durch Bahnkrümmung des Dampfstromes in den Laufradschaufeln, während der Dampfdruck vor und hinter den Schaufeln derselbe ist, so haben wir es mit der sog. Gleichdruckturbine zu tun. Bei einer raschen Entlastung der Gleichdruckturbine kann ein gefährlicher Druckunterschied des Dampfes vor und hinter dem Laufrade entstehen, der die ganze Laufradfläche belastet[1]. Um dieser Erscheinung entgegenzuwirken, werden in der Scheibe Ausgleichslöcher gebohrt, die einen Druckausgleich erleichtern. Die Ausgleichslöcher bedingen eine erhebliche Veränderung in der Spannungsverteilung der rotierenden Scheibe (s. 6. Kap. § 10).

Wir sind nunmehr in der Lage, die beiden in § 1 genannten Hauptforderungen ausführlicher zu besprechen, wodurch sich naturgemäß eine gedrängte Übersicht des gesamten in der Folge zu behandelnden Stoffes ergeben wird.

3. Scheibenprofilierung. Die erste der zwei in § 1 dieser Einleitung genannten Hauptforderungen betrifft rein konstruktive Durchbildung der Scheibe nach den Gesichtspunkten einer günstigen Spannungsverteilung bei möglichst geringem Gewicht.

Die Natur der Spannungsverteilung in der rotierenden Scheibe überhaupt wurde zuerst durch die auf die planparallele zylindrische Scheibe bezüglichen Berechnungen klargelegt. Damit war eine spezielle Lösung des Problems der rotierenden Scheibe gegeben, die gleichzeitig auch für die Ausbildung einer wichtigen Klasse von Lösungsverfahren bei anders geformten Scheiben die Grundlage liefert (2. Kap., §§ 1 und 4—6). Insofern darf man diese Speziallösung als eine Grundlösung bezeichnen.

Für den Techniker ist diese Speziallösung an sich in erster Linie für eine in der Schleifmaschinenindustrie verwendete Art von Scheiben von Interesse. Sie ist durch eine stark ausgesprochene Ungleichförmigkeit der Spannungsverteilung längs des Scheibenhalbmessers gekennzeichnet. Besonders ungünstig ist diese Spannungsverteilung bei der durchbohrten Scheibe. Die Verwendung planparalleler Scheiben im Dampfturbinenbau verbietet sich daher im allgemeinen mit Rücksicht auf die bei den hohen Geschwindigkeiten entstehende unzulässig hohe Beanspruchung des Scheibenmaterials. Die natürliche Folge hiervon ist der Übergang zu Scheibenformen mit einer Meridian- oder, wie sie in der Technik genannt wird, Profilkurve, bei der die Scheibendicke nach dem Außenrande hin allmählich abnimmt. Die erste Hauptforderung des § 1 bezieht sich also auf eine Scheibenprofilierung der zuletzt genannten Art, bei der man durch rationelle Gewichtsverteilung zu einer wesentlich gleichmäßigeren Spannungsverteilung gelangt, als die in der Scheibe konstanter Dicke erreichbare.

---

[1] Siehe A. Stodola, a. a. O., S. 186—187.

Im Falle der Scheibe ohne Bohrung läßt diese Aufgabe eine sehr einfache Lösung zu (2. Kap., § 2), die als die zweite Grundlösung bezeichnet werden darf. Diese Grundlösung ist durch (annähernde) Gleichheit des Spannungszustandes in jedem Scheibenpunkte bei einer bestimmten der Rechnung zugrunde gelegten Geschwindigkeit gekennzeichnet. Das Bestreben, eine ähnlich günstige Lösung auch bei der durchbohrten Scheibe zu erzielen, hat die allgemeinen Richtlinien des Scheibenentwurfes in der Praxis stark beeinflußt. Bei der konsequenten Verfolgung einer nach Möglichkeit gleichmäßigen Spannungsverteilung kommt man, wie wir sehen werden, auf schlanke Scheibenprofile mit erheblicher Verstärkung in der Nabengegend. Diese Entwicklung führte aber im Laufe der Zeit bei der immer höher werdenden Arbeitsgeschwindigkeit vielfach in das bereits oben erwähnte schwingungsgefährliche Gebiet hinein[1]. Dies hat dem Bestreben nach einer möglichst weitgehenden Materialausnutzung eine Grenze gesetzt.

Dementsprechend ist eine rationelle Scheibenprofilierung im allgemeinen durch die Wahl sanft verlaufender Profilkurven unter Vermeidung scharfer Krümmungen und Krümmungsänderungen und durch ein geeignetes Verhältnis der Scheibendicke an der Nabe zu derjenigen am Schaufelkranz gekennzeichnet.

4. Berechnungsverfahren. Rechnerisch kleidet sich das Problem der rotierenden Scheibe zunächst in die Form eines Systems von partiellen Differentialgleichungen, dessen strenge Lösung nur für sehr wenige Profilkurven bei gewissen speziellen Randbedingungen bekannt ist. Diese exakten Lösungen bilden jedoch den Ausgangspunkt für die von A. Stodola ausgebildete Näherungsform des Problems der rotierenden Scheibe. Die Stodolasche Darstellung gründet sich auf die Einführung der längs der Scheibendicke genommenen Mittelwerte der Spannungen[2]. Diese Mittelwerte sind natürlich Funktionen des Halbmessers r allein. Damit erhält man aus den partiellen Differentialgleichungen für die Spannungen eine Darstellung mit Hilfe von gewöhnlichen Differentialgleichungen für die Spannungsmittelwerte. Was hierbei die Randbedingungen betrifft, so gilt am etwa vorhandenen Bohrrande $r = r_0$ die durch das Aufschrumpfen gegebene Bedingung. Sie bringt zum Ausdruck, daß das Schrumpfmaß (s. § 2 dieser Einleitung) eine gegebene konstante Größe ist. Am Außenrande $r = a$ wirkt die aus dem Fliehkraftwiderstand der Schaufelung sich ergebende Randspannung.

Die Art der praktischen Durchführung der Berechnung im Rahmen der Stodolaschen Näherungsdarstellung ist in erheblichem Maße durch die Art und Wahl der Profilkurve beeinflußt. Dieselben sind für die zweite der in § 1 genannten Hauptforderungen, die sich auf eine

---

[1] Vgl. hierzu die Arbeit von W. Campbell in den Trans. Amer. Soc. mech. Engr. Bd. 46 (1924) S. 31f.

[2] Vgl. hierzu Enz. d. math. Wiss. Bd. 4/4 Art. 27 (Th. v. Kármán) S. 360.

rechnerische Behandlung des Problems nach dem Gesichtspunkte einer einfachen und schnellen Ermittlung der Spannungsverteilung bezieht, geradezu grundlegend.

In großen Zügen kann man danach zunächst zwei Arten der rechnerischen Handhabung der Aufgabe unterscheiden. Bei der graphischen Scheibenberechnung ist die Wahl der Profilkurve vollkommen willkürlich. Bei der analytischen Berechnung ist die praktische Durchführbarkeit von der Möglichkeit abhängig, eine im Sinne des vorangehenden Paragraphen befriedigende Profilkurve durch eine Formel darzustellen, und zwar durch eine, die eine mehr oder weniger bequeme Spannungsberechnung auch tatsächlich gewährleistet. Daß befriedigende analytische Lösungen dieser Art existieren, steht von vornherein nicht fest.

Bei den graphischen Lösungsverfahren geht man entweder von der allgemeinen Stodolaschen Form des Problems, oder aber von der oben erwähnten, auf den Fall der planparallelen Scheibe bezüglichen Grundlösung aus. Die letztere Art der graphischen Scheibenberechnung hat schließlich zu einer Lösung geführt, die sich im praktischen Gebrauch sehr gut bewährt hat (2. Kap., § 6). Die Möglichkeit einer stetigen Abänderung der Profilkurve gehört zu den Vorteilen des graphischen Verfahrens.

Eine analytische Lösung scheidet aus der Gesamtheit von möglichen Profilkurven eine engere Klasse solcher Kurven derart aus, daß die Spannungsverteilung für die Profilkurven dieser Klasse durch einen einheitlichen Satz spezieller Formeln gegeben wird. Ein derartiges Formelsystem erlaubt prinzipiell tabellenmäßige Normalisierung eines mehr oder weniger umfangreichen Scheibensystems. Für den bureaumäßigen Gebrauch ist dies selbstverständlich ein wesentlicher Vorteil. Die Frage ist nur, wie eben hervorgehoben, ob es überhaupt möglich ist, engere Profilklassen zu finden, die neben der einfachen Spannungsberechnung auch die Erfüllung der in § 3 gegebenen Bedingungen ermöglichen. Das vergleichende Studium der analytischen Verfahren (4. und 5. Kap.) wird uns zeigen, daß Lösungen dieser Art in der Tat existieren. Wir werden ferner sehen, daß diese Lösungen in ihrer Gesamtheit insbesondere auch einen Ersatz für die bei der graphischen Lösung mögliche stetige Abänderung der Profilkurve liefern.

Ob man bei der praktischen Anwendung im technischen Bureau das graphische oder das analytische Verfahren vorzuziehen hat, hängt vor allen Dingen von der Natur der speziell vorliegenden Aufgabe ab. Auch die individuelle Erfahrung des Bearbeiters und die dadurch bedingte Neigung spielt natürlich eine Rolle. Wesentlich ist, daß man sowohl auf dem einen, wie auf dem anderen Wege zu einer praktisch befriedigenden Lösung der Aufgabe gelangen kann, besonders, wenn man darin hinreichende Übung hat, die die erforderliche Arbeit abkürzt.

5. Inhaltsangabe der vorliegenden Schrift. Indem wir uns auf die voranstehend gegebenen Erläuterungen berufen, können wir den Inhalt der hiermit gebotenen Darstellung wie folgt näher beschreiben.

Im ersten Kapitel werden die strenge mathematische Form des Problems der rotierenden Scheibe entwickelt und die wenigen exakten Lösungen dieses Problems besprochen, aus denen sich gewisse allgemeine Schlüsse über die Natur der Spannungsverteilung ziehen lassen; davon ausgehend wird die Stodolasche Näherungsform des Problems hergeleitet, die für die praktischen Anwendungen in der Technik grundlegend ist.

Im zweiten Kapitel werden zunächst die zwei Grundlösungen des Problems behandelt; die erste ist durch Gleichheit des Spannungszustandes in jedem Punkte der undurchbohrten Scheibe gekennzeichnet, die zweite bezieht sich auf die planparallele zylindrische Scheibe. Im Anschluß an die beiden Grundlösungen werden die graphischen Verfahren erörtert, wie sie sich unter dem Einfluß der Grundlösungen entwickelt haben.

Das dritte Kapitel bezieht sich auf allgemeinere analytische Lösungen und Lösungsverfahren, wie sie sich zum Teil aus der Verallgemeinerung gewisser bekannter Lösungen ergeben, oder aber im Vergleich mit anderen später entstandenen Lösungen von allgemeinerer Natur sind.

Das vierte und das fünfte Kapitel sind einer näheren Erörterung der spezielleren Lösungen gewidmet, die für die unmittelbare Verwendung in der Praxis von besonderem Interesse sind. Im vierten Kapitel nämlich werden die hyperboloidischen und die konischen Scheiben besprochen, die in bezug auf Profilgebung als Grenzlösungen des Problems der rotierenden Scheibe betrachtet werden können. Das fünfte Kapitel aber bringt die neuesten vom Verfasser veröffentlichten Lösungen des Problems, die bezüglich der Profilgebung zwischen den beiden im vierten Kapitel erörterten Lösungen gelegen sind.

Im sechsten Kapitel werden Nebenfragen der Scheibenberechnung erörtert. Hierzu gehören die Veränderlichkeit der Spannungsverteilung mit der Drehgeschwindigkeit, insbesondere die Spannungsverteilung des Ruhezustandes, der Einfluß einer Nabenaussparung auf die Spannungsverteilung bei verschiedenen Geschwindigkeiten, die Beanspruchung der Welle im Ruhezustande unter der Einwirkung der Schrumpfspannungen, Spannungsanhäufung an etwaigen Ausgleichslöchern.

Erstes Kapitel.

Die elastizitätstheoretischen Grundlagen[1].

1. Vorbemerkungen. Die Differentialgleichungen des Problems der rotierenden Scheibe ergeben sich durch eine Spezialisierung der auf ein Zylinderkoordinatensystem bezogenen Gleichungen, die zur Beschreibung des Bewegungs- bzw. Gleichgewichtszustandes bei einem elastischen Umdrehungskörper benutzt werden. Nach Herleitung und Spezialisierung der Gleichungen werden nachstehend deren bekannte exakte Lösungen besprochen. Hieraus ergeben sich die Richtlinien für die anschließend durchgeführte Stodolasche Näherungsformulierung des Problems. Diese bildet die Grundlage für die Ermittlung der in der rotierenden Scheibe entstehenden Beanspruchungen, die in der Regel nach Maßgabe des im Schlußparagraphen gegebenen Festigkeitskriteriums der größten Schubspannung beurteilt werden.

2. Das elastische Problem in Zylinderkoordinaten. Wir betrachten einen zunächst nur als deformierbar vorausgesetzten Umdrehungskörper, dessen in Abb. 1 mit ZZ bezeichnete Achse mit der entsprechenden Achse des benutzten Koordinatensystems zusammenfallen möge. Mit Bezug auf diese Abbildung seien

z, r, ϑ die Zylinderkoordinaten;

u_z, u_r, u_ϑ die in die Koordinatenrichtungen fallenden Komponenten der Verschiebung;

$e_{zz}, e_{rr}, e_{\vartheta\vartheta}$ die in die Koordinatenrichtungen fallenden Dehnungskomponenten der Verzerrung;

e_z, e_r, e_ϑ die zugeordneten Schiebungskomponenten der Verzerrung;

$\sigma_z, \sigma_r, \sigma_\vartheta$ die in die Koordinatenrichtungen fallenden Normalkomponenten der Spannung;

$\tau_z, \tau_r, \tau_\vartheta$ die zugeordneten Tangentialkomponenten der Spannung;

ϱ die Massendichte des Körperstoffes;

Z, R, T die in die Koordinatenrichtungen fallenden Komponenten der Massenkraft pro Masseneinheit;

f_z, f_r, f_ϑ die in die Koordinatenrichtungen fallenden Beschleunigungskomponenten eines Massenpunktes, bestimmt durch die Verschiebung.

Die Abbildung selbst stellt ein aus dem Körper herausgeschnittenes unendlich kleines Element dar. Die Randflächen dieses Elementes sind je zwei unendlich benachbarte Flächen der drei Scharen $z = \text{konst.}$,

---

[1] Der Leser möge hierzu den vorletzten Absatz im Vorwort beachten.

$r = $ konst., $\vartheta = $ konst. Die zunächst aufzustellende Kräftebilanz des Elementes ist ein System von Beziehungen zwischen den auf diese Randflächen wirkenden Spannungskomponenten und den auf die Masseneinheit bezogenen Massenkräften und Trägheitswiderständen.

Fassen wir zuerst die in die z-Richtung fallenden Kraftwirkungen ins Auge. Die auf das untere Flächenelement $r\,d\vartheta\,dr$ in dieser Richtung wirkende Kraft ist $-\sigma_z r\,d\vartheta\,dr$, die auf das obere Flächenelement $r\,d\vartheta\,dr$ wirkende entsprechende Kraft ist

$$\left(\sigma_z + \frac{\partial\sigma_z}{\partial z}\,dz\right) r\,d\vartheta\,dr.$$

Daher ist der Beitrag der beiden Schnittflächen $r\,d\vartheta\,dr$ der Schar $z = $ konst. zur Kraftwirkung in der z-Richtung gleich

$$\frac{\partial\sigma_z}{\partial z}\,r\,dz\,dr\,d\vartheta. \qquad (1)$$

In gleicher Weise ergeben die der Schar $\vartheta = $ konst. angehörenden Axialschnittflächen $dz\,dr$ den Beitrag

$$\frac{\partial\tau_r}{\partial\vartheta}\,dz\,dr\,d\vartheta \qquad (2)$$

zur z-Komponente der Kraft.

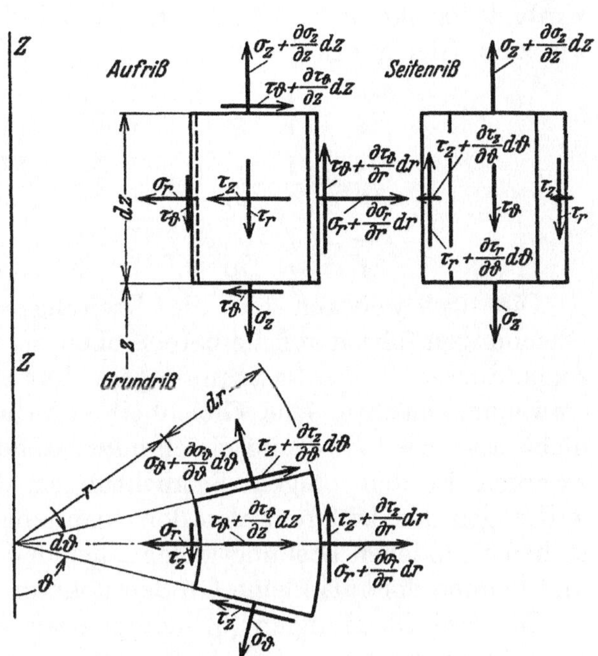

Abb. 1. Zum elastischen Gleichgewicht am Zylinderelement.

Die auf die zylindrische Schnittfläche $r\,d\vartheta\,dz$ in der z-Richtung wirkende Kraft ist gleich $-\tau_\vartheta r\,dz\,d\vartheta$; die auf das gegenüberliegende Flächenelement $(r + dr)\,dz\,d\vartheta$ wirkende entsprechende Kraft ist

$$\left[r\tau_\vartheta + \frac{\partial}{\partial r}(r\tau_\vartheta)\,dr\right] dz\,d\vartheta.$$

Daher ist der Beitrag der zylindrischen Schnittflächen zur z-Komponente der Kraft gleich

$$\frac{\partial}{\partial r}(r\tau_\vartheta)\,dz\,dr\,d\vartheta. \qquad (3)$$

Die auf das Element in der z-Richtung wirkende Massenkraft ist

$$\varrho Z r\,d\vartheta\,dz\,dr, \qquad (4)$$

der Beitrag seines Trägheitswiderstandes zur Kraftwirkung in derselben Richtung ist

$$-\varrho f_z r\,d\vartheta\,dz\,dr. \qquad (5)$$

Damit sind die Kraftwirkungen in der z-Richtung erledigt. Summiert man die Beiträge (1) bis (5), so erhält man nach Division durch $r\,dz\,dr\,d\vartheta$ und Nullsetzen die der z-Richtung entsprechende Bewegungsgleichung.

Es ist dies die erste der unten folgenden Gleichungen (6). Die der r-
und der ϑ-Richtung entsprechenden Gleichungen des Systems (6) ergeben
sich in ganz ähnlicher Weise. Nur darf man dabei nicht übersehen,
daß infolge der Krümmung des Elementes die Spannungskomponente σ_ϑ
zur Radialkomponente der Kraft den Beitrag $-\sigma_\vartheta\,d\vartheta\,dr\,dz$, die Spannungskomponente τ_z zu der in die ϑ-Richtung fallenden Komponente der
Kraft dagegen den Beitrag $\tau_z\,d\vartheta\,dr\,dz$ liefert. Auf diesem Wege gelangen
wir zum Gleichungssystem

$$\left.\begin{aligned}
\frac{\partial \sigma_z}{\partial z} + \frac{1}{r}\frac{\partial (r\,\tau_\vartheta)}{\partial r} + \frac{1}{r}\frac{\partial \tau_r}{\partial \vartheta} \qquad + \varrho Z &= \varrho f_z \\[2mm]
\frac{\partial \tau_\vartheta}{\partial z} + \frac{1}{r}\frac{\partial (r\,\sigma_r)}{\partial r} + \frac{1}{r}\frac{\partial \tau_z}{\partial \vartheta} - \frac{\sigma_\vartheta}{r} + \varrho R &= \varrho f_r \\[2mm]
\frac{\partial \tau_r}{\partial z} + \frac{1}{r}\frac{\partial (r\,\tau_z)}{\partial r} + \frac{1}{r}\frac{\partial \sigma_\vartheta}{\partial \vartheta} + \frac{\tau_z}{r} + \varrho T &= \varrho f_\vartheta
\end{aligned}\right\} \qquad (6)$$

Die drei weiteren auf die Drehung eines Elementes bezüglichen
Gleichungen führen auf die bereits oben benutzte Gleichheit der einander
zugeordneten Tangentialspannungen. Für den kritischen Leser, der hier
einwenden möchte, jene Gleichheit wäre aus den Gleichgewichts- und
nicht aus den Bewegungsgleichungen abgeleitet, sei hinzugefügt, daß,
während in den obigen Betrachtungen die Massen- und Trägheits-
wirkungen den Differentialen der Spannungen gegenübergestellt werden,
stehen sie in jenen Drehungsgleichungen den Spannungen selbst gegenüber
und können dort als kleine Größen höherer Ordnung gestrichen werden[1].

Die drei Gleichungen (6) genügen zur Bestimmung der sechs Spannungskomponenten nicht. Daher müssen wir auf die Verzerrungen des
Körpers eingehen und die Beziehungen benutzen, die bei einem nunmehr
als elastisch vorauszusetzenden Stoff die Spannungen und Verzerrungen
miteinander verknüpfen. Dies in Verbindung mit der Zurückführung
der Beschleunigung auf die Verschiebung ergibt eine hinreichende Anzahl von Gleichungen.

Wir betrachten ein materielles Linienelement ds, dessen Projektionen
auf die Koordinatenrichtungen entsprechend gleich sind $dz, dr, r\,d\vartheta$. Nach
der Deformation folgen diese Projektionen aus[2]

$$\left.\begin{aligned}
d\bar z &= dz + \frac{\partial u_z}{\partial z}\,dz + \frac{\partial u_z}{\partial r}\,dr + \frac{\partial u_z}{\partial \vartheta}\,d\vartheta \\[2mm]
d\bar r &= dr + \frac{\partial u_r}{\partial z}\,dz + \frac{\partial u_r}{\partial r}\,dr + \frac{\partial u_r}{\partial \vartheta}\,d\vartheta \\[2mm]
d\bar\vartheta &= d\vartheta + \frac{\partial}{\partial z}\left(\frac{u_\vartheta}{r}\right)dz + \frac{\partial}{\partial r}\left(\frac{u_\vartheta}{r}\right)dr + \frac{\partial}{\partial \vartheta}\left(\frac{u_\vartheta}{r}\right)d\vartheta .
\end{aligned}\right\} \qquad (7)$$

---

[1] Vgl. hierzu A. E. H. Love: Theory of Elasticity, 4 th ed. (1927) S. 77. Die
Bemerkung bezieht sich auch auf die Bestimmung der Spannungsrandwerte aus
den den Koordinatenachsen zugeordneten Spannungskomponenten.

[2] Vgl. hierzu die von E. Trefftz gegebene Herleitung des Verzerrungstensors
in kartesischen Koordinaten. Handbuch der Physik, Bd. 6 S. 56—60. Berlin:
Julius Springer 1928.

Daher ist die Länge $d\bar{s}$ des betrachteten materiellen Linienelementes nach der Deformation gegeben durch

$$d\bar{s}^2 = d\bar{z}^2 + d\bar{r}^2 + (r + u_r)^2\, d\bar{\vartheta}^2 . \tag{8}$$

Setzt man die Ausdrücke (7) in die Formel (8) ein, so erhält man unter Vernachlässigung von Produkten kleiner Größen

$$
\left.
\begin{aligned}
d\bar{s}^2 = {}& dz^2 \left(1 + 2\frac{\partial u_z}{\partial z}\right) + dr^2 \left(1 + 2\frac{\partial u_r}{\partial r}\right) + \\
&+ r^2 d\vartheta^2 \left[1 + 2\left(\frac{1}{r}\frac{\partial u_\vartheta}{\partial \vartheta} + \frac{u_r}{r}\right)\right] + 2\,dz\,dr \left(\frac{\partial u_z}{\partial r} + \frac{\partial u_r}{\partial z}\right) + \\
&+ 2r\,dr\,d\vartheta \left(\frac{\partial u_\vartheta}{\partial r} - \frac{u_\vartheta}{r} + \frac{1}{r}\frac{\partial u_r}{\partial \vartheta}\right) + 2r\,d\vartheta\,dz \left(\frac{\partial u_\vartheta}{\partial z} + \frac{1}{r}\frac{\partial u_z}{\partial \vartheta}\right).
\end{aligned}
\right\} \tag{9}
$$

Hieraus folgt: ist $ds = dz$ (also $dr = 0$, $d\vartheta = 0$), so ist $d\bar{s} = dz$ $(1 + \partial u_z/\partial z)$; ist $ds = dr$, so ist $d\bar{s} = dr\,(1 + \partial u_r/\partial r)$; ist $ds = r\,d\vartheta$, so ist $d\bar{s} = r\,d\vartheta\,(1 + \partial u_\vartheta/r\,\partial\vartheta + u_r/r)$. Daher sind die in die Koordinatenrichtungen fallenden Dehnungskomponenten der Verzerrung entsprechend gleich

$$e_{zz} = \frac{\partial u_z}{\partial z} \qquad e_{rr} = \frac{\partial u_r}{\partial r} \qquad e_{\vartheta\vartheta} = \frac{1}{r}\frac{\partial u_\vartheta}{\partial \vartheta} + \frac{u_r}{r}. \tag{10}$$

Verbindet man nun die Endpunkte der drei speziellen von einem und demselben Punkte ausgehenden materiellen Linienelemente dz, dr, $r\,d\vartheta$ durch gerade Linien miteinander, so sind die Längen der drei neuen Strecken nach Deformation durch die Ausdrücke bestimmt, die sich aus (9) ergeben, wenn man darin zuerst $d\vartheta$, dann dz und endlich dr gleich Null setzt. Dann kennt man alle sechs Seiten der Pyramide, und durch Anwendung des Kosinussatzes kann man dann auch die Winkel berechnen, die die ursprünglich aufeinander senkrecht stehenden Elemente nach der Deformation miteinander einschließen. Die Winkeländerungen oder die den Koordinatenrichtungen zugeordneten Schiebungskomponenten der Verzerrung sind danach gleich

$$e_z = \frac{\partial u_\vartheta}{\partial r} - \frac{u_\vartheta}{r} + \frac{1}{r}\frac{\partial u_r}{\partial \vartheta} \qquad e_r = \frac{\partial u_\vartheta}{\partial z} + \frac{1}{r}\frac{\partial u_z}{\partial \vartheta} \qquad e_\vartheta = \frac{\partial u_z}{\partial r} + \frac{\partial u_r}{\partial z}. \tag{11}$$

In einem elastischen Körper sind nun die Verzerrungen (10), (11) und die oben behandelten Spannungen durch das Grundgesetz der Elastizität, nämlich durch die Beziehungen

$$
\left.
\begin{aligned}
E\,e_{zz} &= \sigma_z - \nu\,(\sigma_r + \sigma_\vartheta) & \qquad E\,e_z &= 2\,(1 + \nu)\,\tau_z \\
E\,e_{rr} &= \sigma_r - \nu\,(\sigma_\vartheta + \sigma_z) & \qquad E\,e_r &= 2\,(1 + \nu)\,\tau_r \\
E\,e_{\vartheta\vartheta} &= \sigma_\vartheta - \nu\,(\sigma_z + \sigma_r) & \qquad E\,e_\vartheta &= 2\,(1 + \nu)\,\tau_\vartheta
\end{aligned}
\right\} \tag{12}
$$

worin E den Youngschen Elastizitätsmodul bedeutet und ν die Poissonsche Konstante ist, miteinander verknüpft. Durch Auflösung nach den Spannungskomponenten erhält man drei Gleichungen vom Typus

$$\sigma_z = \frac{E\,\nu}{(1 + \nu)\,(1 - 2\nu)}\,\Pi + \frac{E}{1 + \nu}\,e_{zz}, \tag{12a}$$

worin

$$\Pi = e_{zz} + e_{rr} + e_{\vartheta\vartheta},$$

und drei Gleichungen vom Typus

$$\tau_z = \frac{E}{2\,(1+\nu)}\, e_z\,.\tag{12b}$$

Die Beschleunigungskomponenten brauchen hier formelmäßig nicht weiter verfolgt zu werden.

Das durch das System (6), (10), (11), (12) dargestellte Problem muß natürlich durch Rand- und Anfangs-Bedingungen ergänzt werden. Diese beziehen sich allgemein entweder auf die Spannung, oder auf die Verschiebung; sie können auch von komplizierterer Natur sein.

3. Das Problem der rotierenden Scheibe in strenger Form und dessen bekannte Lösungen. Jetzt führen wir in die Gleichungssysteme (6), (10), (11) die Kennzeichen unseres speziellen Problems der rotierenden Scheibe ein. Es handle sich also um einen mit der konstanten Winkelgeschwindigkeit ω um die eigene Achse umlaufenden Umdrehungskörper, der auch eine konzentrisch zylindrische Bohrung haben kann. Die Massenkraft sei gleich Null: $Z = R = T = 0$; auch die Komponenten f_z und f_ϑ der Beschleunigung sind gleich Null zu setzen. Dagegen ist offenbar $f_r = -r\omega^2$. Aus Symmetriegründen müssen ferner die Verschiebungskomponente u_ϑ und die Spannungskomponenten τ_r und τ_z, also auch die Verzerrungskomponenten e_r und e_z, sowie alle Ableitungen nach ϑ verschwinden. Mit diesen Spezialisierungen kann unser Gleichungssystem (6) in der Gestalt

$$\left.\begin{aligned}
\frac{\partial(r\,\sigma_z)}{\partial z} + \frac{\partial(r\,\tau_\vartheta)}{\partial r} &= 0\\[2mm]
\frac{\partial(r\,\tau_\vartheta)}{\partial z} + \frac{\partial(r\,\sigma_r)}{\partial r} - \sigma_\vartheta + \varrho\,\omega^2 r^2 &= 0
\end{aligned}\right\}\tag{6a}$$

geschrieben werden, während die Systeme (10) und (11) in

$$e_{zz} = \frac{\partial u_z}{\partial z}\qquad e_{rr} = \frac{\partial u_r}{\partial r}\qquad e_{\vartheta\vartheta} = \frac{u_r}{r}\tag{10a}$$

$$e_z = 0\qquad e_r = 0\qquad e_\vartheta = \frac{\partial u_z}{\partial r} + \frac{\partial u_r}{\partial z}\tag{11a}$$

übergehen; die Gleichungen (12) bleiben bestehen. Was aber die Randbedingungen betrifft, so setzen wir fest, daß die durch die Meridianoder Profilkurve $z = f(r)$, worin f eine gegebene Funktion bezeichnet, dargestellte Oberfläche kräftefrei sein soll; dagegen sollen die zylindrischen Randflächenteile unter der Einwirkung gegebener Kräfte stehen können. Am inneren Rande können auch kompliziertere Randbedingungen gelten, deren Art aus späteren Betrachtungen hervorgehen wird. In gewissen Fällen kann der innere Rand auch verschwinden.

In der strengen durch die Gleichungssysteme (6a), (10a), (11a), (12) gegebenen Form ist das Problem der rotierenden Scheibe nur für den Kreiszylinder und das Ellipsoid unter gewissen Randbedingungen gelöst worden[1]. Auf diese strengen Lösungen haben wir etwas näher einzugehen, wenn es sich hier auch nur um eine gedrängte allgemeine Übersicht handeln kann.

Betrachten wir zunächst die Verschiebung[2]

$$u_z = -\frac{v\,\omega^2 \varrho}{4E}\,z\left[(3+v)\,(a^2+b^2) - 2\,(1+v)\,r^2\right] -$$
$$-\frac{\omega^2 \varrho\, v^2}{3E}\,\frac{1+v}{1-v}\,z\,(l^2-z^2)$$
$$u_r = \frac{(1-v)\,\omega^2 \varrho}{8E}\,r\left[(3+v)\,(a^2+b^2) + \frac{1+v}{1-v}\,(3+v)\,\frac{a^2 b^2}{r^2} - (1+v)\,r^2\right] +$$
$$+\frac{v\,(1+v)\,\omega^2 \varrho}{6E}\,r\,(l^2-3z^2)$$
$$u = 0 \tag{13}$$

worin a, b und l gegebene konstante Längen sind. Die der Verschiebung (13) entsprechenden Spannungen sind nach den obigen Formeln auf Grund von (10a), (11a), (12a), (12b) gegeben durch

$$\sigma_\vartheta = \frac{1}{8}\,\varrho\,\omega^2\left[(3+v)\left(a^2+b^2+\frac{a^2 b^2}{r^2}\right) - (1+3v)\,r^2\right] +$$
$$+\frac{1}{6}\,\varrho\,\omega^2 v\,\frac{1+v}{1-v}\,(l^2-3z^2)$$
$$\sigma_r = \frac{1}{8}\,\varrho\,\omega^2\,(3+v)\left(a^2+b^2-r^2-\frac{a^2 b^2}{r^2}\right) + \frac{1}{6}\,\varrho\,\omega^2 v\,\frac{1+v}{1-v}\,(l^2-3z^2)$$
$$\sigma_z = 0 \qquad \tau_z = 0 \qquad \tau_r = 0 \qquad \tau_\vartheta = 0 \tag{14}$$

Die Ebenen $z = $ konst. sind danach spannungsfrei; es liegt somit ein Fall des sog. „ebenen Spannungszustandes" vor, und dies legt nahe, die Lösung (13), (14) auf den Fall einer zylindrischen Scheibe vom Außenradius a, Innenradius b und der Dicke $2\,l$ anzuwenden. Ist eine Bohrung nicht vorhanden, so setze man $b = 0$. An den zylindrischen Oberflächen befolgen die Spannungen (14) längs der Axialrichtung z ein parabolisches Verteilungsgesetz. Diesem zufolge verschwindet der Mittelwert

$$\frac{1}{2l}\int_{-l}^{l} \sigma_r\,dz$$

der Radialspannung σ_r an den Rändern $r = a$ und $r = b$. Die Frage der zusätzlichen Verschiebung, die ein genaues Verschwinden von σ_r an den zylindrischen Randflächen ergibt, soll hier nicht erörtert werden[3]. Wir bemerken nur, daß die zugehörigen Korrekturen nach dem bekannten

---

[1] Quellenangaben findet man in A. E. H. Love, a. a. O. S. 146—148, sowie im Handbuch der Physik, Bd. 6, S. 207. Siehe auch Ztschr. f. ang. Math. u. Mech., Bd. 3, 1923, S. 319 (Ch. Hummel).

[2] Siehe A. E. H. Love, a. a. O. S. 147—148. Syst. (14) befriedigt Syst. (6a).

[3] Vgl. zu diesem Problem die Arbeit von F. Purser in den Trans. Royal Irish Academy Dublin, Bd. 32 (1902) S. 31.

Prinzip von de Saint Venant[1], im vorliegenden Falle auf Scheiben anwendbar, bei denen a im Vergleich zu l und b hinreichend groß ist, nur für die Spannungsberechnung der in der Nachbarschaft der zylindrischen Ränder gelegenen Stellen von Interesse sind.

Die Gleichungssysteme (13), (14) stellen demnach eine angenäherte Lösung des Problems der rotierenden undurchbohrten bzw. durchbohrten zylindrischen Scheibe mit freien zylindrischen Randflächen dar. Von Korrekturen abgesehen, lassen sich die Verhältnisse an Hand des Systems (14) mit Hilfe von einfachen Beispielen übersehen.

Betrachten wir zunächst eine zylindrische Vollscheibe ($b = 0$) mit $a = 5\,l$. In einer gewissen Umgebung der Achse ist die Anwendung des Saint Venantschen Prinzips gerechtfertigt. Damit erhält man aus

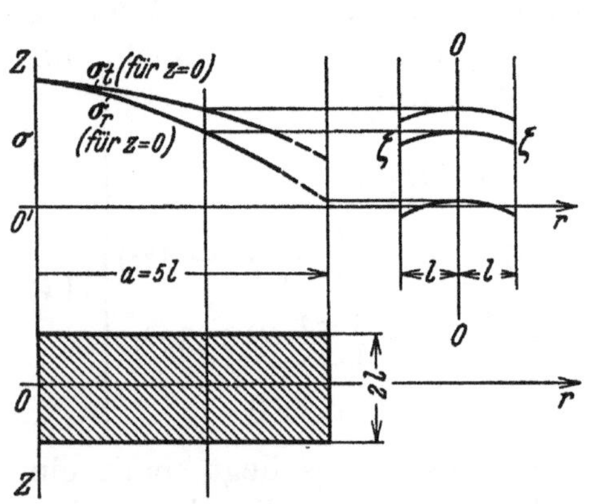

Abb. 2. Zur Spannungsverteilung in der rotierenden zylindrischen Vollscheibe.

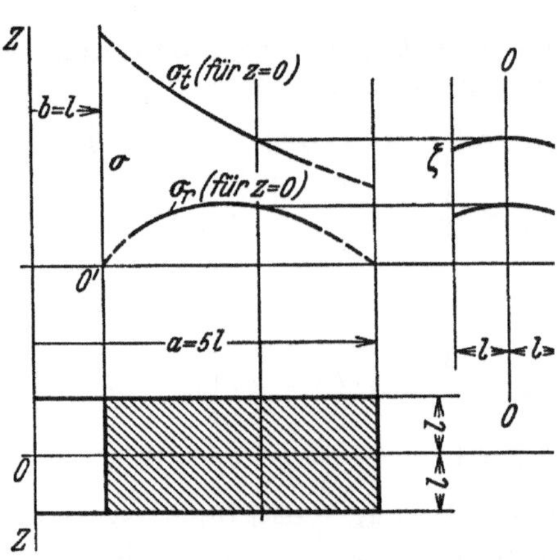

Abb. 3. Zur Spannungsverteilung in der rotierenden zylindrischen Scheibe mit Zentralbohrung.

den eben genannten Formeln für die Mittelebene ($z = 0$) die in Abb. dargestellte Spannungsverteilung. Die Veränderlichkeit der Spannungen längs der Axialrichtung ist in dieser Abbildung durch die parabolische Kurven $\zeta\zeta$ veranschaulicht. Die Amplitude der Spannungsschwankung in der z-Richtung beträgt etwa $2^1/_2\%$ der Maximalspannung an der Achse ($r = 0$). Bei der Annäherung an die Stelle $r = a$ werden die Spannungskurven der Abb. 2 in steigendem Maße ungenau, falls σ_r am Rande $r = a$ in jedem Punkte verschwinden soll.

Ist die eben behandelte Scheibe mit einer Zentralbohrung vom Durchmesser $2\,b = 2\,l$ versehen, so erhält man aus den obigen Formeln die in Abb. 3 gegebene Spannungsverteilung; die größte Spannung tritt an der Bohrung auf und ihr Betrag ist fast doppelt so groß wie im Fall der entsprechenden Vollscheibe.

Bei der ruhenden ($\omega = 0$) Scheibe treten die oben gekennzeichnete durch die Forderung der gleichmäßigen Randspannungsverteilung

[1] Love, A. E. H., a. a. O. S. 131.

bedingten Lösungsschwierigkeiten nicht auf. Bezeichnet man mit p_0 und p_1 die von z unabhängigen Randwerte von σ_r für $r = a$ bzw. $r = b$, so kann man mit

$$u_r = \frac{1-\nu}{E} \frac{p_0 a^2 - p_1 b^2}{a^2 - b^2} + \frac{1+\nu}{E} \frac{p_0 - p_1}{a^2 - b^2} \frac{a^2 b^2}{r}$$

$$u_z = -\frac{2\nu}{E} \frac{p_0 a^2 - p_1 b^2}{a^2 - b^2} z$$

$$\left.\right\} \quad (13\,\mathrm{a})$$

alle Forderungen des Problems erfüllen. Die durch die Gleichungen (13a) gegebene Verschiebung ist nicht einmal die allgemeinste Lösung des in Frage stehenden speziellen Problems[1]; sie erfüllt nämlich die zusätzliche Forderung, daß der entsprechende Spannungszustand ein ebener ist. In der Tat findet man vermöge unserer Gleichungen (10a), (11a), (12)

$$\sigma_r = \frac{p_0 a^2 - p_1 b^2}{a^2 - b^2} - \frac{p_0 - p_1}{a^2 - b^2} \frac{a^2 b^2}{r^2}$$

$$\sigma_\vartheta = \frac{p_0 a^2 - p_1 b^2}{a^2 - b^2} + \frac{p_0 - p_1}{a^2 - b^2} \frac{a^2 b^2}{r^2}$$

$$\sigma_z = 0 \qquad \tau_z = 0 \qquad \tau_r = 0 \qquad \tau_\vartheta = 0 \,.$$

$$\left.\right\} \quad (14\,\mathrm{a})$$

Die damit in den Grundzügen erörterte spezielle Lösung (13), (14) bzw. (13a), (14a) ist für die technischen Anwendungen von praktischer Bedeutung. Wir werden auf diese Lösung bei der sog. Scheibe gleicher Dicke (2. Kapitel), sowie bei der Besprechung gewisser Nebenfragen der Scheibenberechnung (6. Kapitel) noch zurückkommen.

Der Fall des Ellipsoides wurde durch die Arbeiten von C. Chree[2] auf einer sogar wesentlich allgemeineren Grundlage erledigt, als dem Gleichungssystem (6a), (10a), (11a), (12) entsprechend. Er hat die vollständige Lösung für das dreiachsige Ellipsoid in einem Massenwirkungsfeld von der Gestalt $X = k_1 x$, $Y = k_2 y$, $Z = k_3 z$ angegeben, worin x, y, z die Koordinaten eines rechtwinkeligen Kartesischen Systems, k_1, k_2, k_3 Konstanten und X, Y, Z die nach den Koordinatenrichtungen genommenen Komponenten der Massenwirkungen sind. Doch wollen wir uns hier mit A. Stodola[3] auf eine kurze Wiedergabe der Resultate beschränken, sofern sich diese auf den Spezialfall des um seine Achse mit gleichförmiger Winkelgeschwindigkeit umlaufenden flachen Rotationsellipsoides beziehen.

Für eine Vollscheibe von elliptischer Profilkurve mit einem Durchmesser 2a und einer Maximaldicke 2c an der Drehachse ($r = 0$) ist die Spannungsveränderlichkeit längs der z-Richtung an der Drehachse durch die nebenstehende Tabelle[3] illustriert. Hierin bedeutet σ die

Tabelle 1.

c/a	$^1/_8$	$^1/_4$	$^1/_2$
$\varDelta\,\sigma/\sigma\,(\%)$	5	13	45

---

[1] Siehe A. E. H. Love, a. a. O. S. 144.

[2] Siehe Quart. J. Pure and Applied Mathem., Bd. 23 (1888) u. Nr. 108 (1895).

[3] Siehe A. Stodola, Dampf- und Gas-Turbinen, 5. u. 6. Aufl. (1922) S. 896 bis 898.

tangentiale oder die radiale Zugspannung, denn an der Achse sind diese einander gleich, für $z = 0$, $r = 0$, während $\varDelta\,\sigma = \sigma_{(r\,=\,0,\ z\,=\,0)} - \sigma_{(r\,=\,0,\ z\,=\,l)}$.

Es ist interessant festzustellen, daß die Ungleichförmigkeit der Spannungsverteilung längs der z-Richtung bei der ellipsoidischen Scheibe stärker in Erscheinung tritt als im Falle der zylindrischen Scheibe. Dieses Ergebnis ist ganz natürlich, wenn man die gleichförmige Massenverteilung längs der Axialrichtung im Falle des Zylinders in Betracht zieht, die eine gleichmäßige Verteilung der Zentrifugalkräfte längs derselben Richtung zur Folge hat. Doch bleibt der Ungleichförmigkeitsgrad der Spannungsverteilung in der Axialrichtung, d. h. der Überschuß des Spannungsbetrages gegenüber dem längs dieser Richtung genommenen Mittelwert der Spannung, durch diesen dividiert, auch bei einer Scheibe von elliptischem Profil mit c/a gleich $^1/_4$ innerhalb der Grenzen von ca. 7%. Dieser Zahlenwert bezieht sich natürlich auf die Umgebung der Drehachse; doch kommt ihm auch eine gewisse charakteristische Bedeutung für die Beurteilung des Ungleichförmigkeitsgrades der Spannungsverteilung in der Axialrichtung für die ganze betrachtete Scheibe zu.

Bemerkenswert ist die Verteilung der Normalspannungen σ_z. Es sind dies Druckspannungen in den dickeren Scheibenteilen in einer weiteren Umgebung der Achse und Zugspannungen in den dünneren Scheibenteilen in der Nachbarschaft des Randes. Der absoluten Größe nach betragen sie nur wenige Prozent der maximalen Normalspannung. Fernerhin sei hier bemerkt, daß die nach dem Radius genommenen Differentialquotienten dieser Spannungskomponente durchweg klein bleiben.

Die obigen Ergebnisse können auf Scheiben allgemeineren Profils sinngemäß übertragen werden. Indem wir auf die für den modernen Dampfturbinenbau kennzeichnende Tendenz nach wachsenden Dimensionen Bezug nehmen, können wir zusammenfassend sagen: wird die Scheibendicke von $^1/_8$ des Durchmessers auf $^1/_4$ des Durchmessers verstärkt, so steigt der Ungleichförmigkeitsgrad der Spannungsverteilung längs der Axialrichtung der Größenordnung nach etwa in dem durch Tabelle 1 gegebenen Maße, während die in die Axialrichtung fallende Normalspannung σ_z und ihre Ableitung nach r, ebenso wie die nicht verschwindende Schubspannung τ_ϑ immer noch unerheblich bleiben.

Was nun eine strenge mathematische Behandlung des Problems der rotierenden Scheibe in allgemeiner Form, d. h. für beliebig vorgeschriebene Profilkurven, betrifft, so wäre eine solche mit den uns zur Zeit zur Verfügung stehenden Mitteln zum mindesten äußerst kompliziert[1]. Eine wertvolle neue Näherungsmethode der Spannungsberechnung in Scheiben

---

[1] Vgl. hierzu St. Bergmann, Math. Ann. Bd. 98 (1927) S. 248.

und Platten[1] von veränderlicher Dicke hat G. D. Birkhoff angegeben[2]. Sofern technische Anwendungen in Frage kommen, hat sich die von Stodola eingeführte Näherungsform des Problems als sehr befriedigend und nützlich erwiesen. Diese Näherungsform werden wir sogleich unter Anlehnung an die obigen strengen Differentialgleichungen entwickeln. Der Leser jedoch, dem eine Herleitung der Stodolaschen Gleichungen auf elementarem, wenn auch etwas weniger strengem Wege, willkommen ist, sei auf § 5 dieses Kapitels verwiesen.

4. Die Stodolasche Näherungsform des Problems der rotierenden Scheibe. Die im vorangehenden Paragraphen enthaltene Erörterung der bekannten Lösungen des Problems der rotierenden Scheibe in strenger Form legt den Schluß nahe, daß die Darstellung des Spannungszustandes der Scheibe mit Hilfe der längs der Axialrichtung genommenen Spannungsmittelwerte für praktische Zwecke hinreichend genau ist, sofern das Verhältnis c/a den Zahlenwert $1/4$ nicht oder nicht wesentlich überschreitet. Daher erhalten wir die Gleichungen unseres Problems in einer für unsere Zwecke befriedigenden Näherungsform, indem die strengen Gleichungen der veränderlichen Scheibenstärke $2\bar{z}$ nach integriert werden, wobei $\bar{z} = f(r)$, die halbe Scheibendicke, wie bereits erwähnt, eine gegebene Funktion von r ist. Da nun für eine Scheibe mit einer Symmetriemittelebene (s. Einl., § 2)

$$\int_{-\bar{z}}^{\bar{z}} \frac{\partial}{\partial z}(r\,\sigma_z)\,dz = r\,\sigma_z(r,z)\Big|_{-\bar{z}}^{\bar{z}} = 0 \qquad \int_{-\bar{z}}^{\bar{z}} \tau_\vartheta\,dz = 0,$$

so geht die erste der Gleichungen (6a) bei der Integration in die Identität $0 = 0$ über. Die zweite Gleichung aber ergibt offenbar, wenn man unter z (statt $\bar{z}$) nicht mehr die Koordinate, sondern die halbe Scheibendicke versteht und die Mittelwerte durch angehängte Sternchen bezeichnet,

$$\frac{d}{dr}(r z \sigma_r^*) + r\tau_\vartheta(r,z)\Big|_{-z}^{z} - z\sigma_\vartheta^* + \varrho\,\omega^2 r^2 z = 0.$$

Wir wissen, daß bei einer zylindrischen Scheibe die Größe $\tau_\vartheta(r,z)$ an jeder der beiden seitlichen (ebenen) Randflächen verschwindet[3]. Bei nicht zu starker Neigung der seitlichen Randflächen gegen die Mittelebene werden jene Randwerte von $r\tau_\vartheta$ immer noch klein sein gegenüber den anderen in der Gleichung vorkommenden Größen. Dies findet sich auch bei der ellipsoidischen Scheibe bestätigt. Daher gilt näherungsweise die Gleichung

---

[1] Die Analogie zwischen gebogenen kreisförmigen Platten und rotierenden Scheiben wurde von L. Foeppl festgestellt, s. Z. angew. Math. Mech. 1922 S. 92.

[2] Siehe Philos. Mag. Bd. 43 (1922) S. 953, ferner C. A. Garabedian, Amer. Math. Soc. Trans. Bd. 25 (1923) S. 343.

[3] Man vgl. hierzu A. E. H. Love, a. a. O. S. 147, Randbemerkung.

$$\frac{d}{dr}\left(r z \sigma_r^*\right) - z \sigma_\vartheta^* + \varrho\, \omega^2 r^2 z = 0 . \tag{15}$$

Eine weitere Gleichung zwischen den Größen σ_r^* und σ_ϑ^* erhalten wir in folgender Weise: Führt man die Werte von e_{rr} und $e_{\vartheta\vartheta}$ nach (10a) in die zweite und die dritte der Gleichungen (12) ein, so ergibt sich

$$\left. \begin{aligned} E\, \frac{\partial u_r}{\partial r} &= \sigma_r - v\, \sigma_\vartheta - v\, \sigma_z \\ E\, \frac{u_r}{r} &= \sigma_\vartheta - v\, \sigma_r - v\, \sigma_z . \end{aligned} \right\} \tag{16}$$

Durch Elimination von u_r aus diesem Gleichungspaare folgt

$$(1 + v)\, \frac{\sigma_r - \sigma_\vartheta}{r} = \frac{\partial \sigma_\vartheta}{\partial r} - v\, \frac{\partial \sigma_r}{\partial r} - v\, \frac{\partial \sigma_z}{\partial r} .$$

Indem wir uns wiederum auf die Analogie mit den bekannten Lösungen berufen, wonach die nach dem Radius genommene Ableitung von σ_z durchweg klein ist, dürfen wir bei der Integration der letzten Gleichung nach z die Größe $v\,(\partial \sigma_z : \partial r)$ streichen. Damit erhalten wir die Näherungsgleichung

$$\frac{d \sigma_\vartheta^*}{dr} - v\, \frac{d \sigma_r^*}{dr} = (1 + v)\, \frac{\sigma_r^* - \sigma_\vartheta^*}{r} . \tag{17}$$

Aus den Gleichungen (15), (17) lassen sich σ_r^* und σ_ϑ^* bei gegebenen Randbedingungen ermitteln, falls z als Funktion von r bekannt ist.

Wir werden späterhin noch die Beziehungen benutzen, die sich aus (16) durch Auflösung nach σ_r^* und σ_ϑ^* ergeben. Aus den Gleichungen (16) erhält man zunächst

$$\left. \begin{aligned} \sigma_r - \frac{v}{1-v}\, \sigma_z &= \frac{E}{1-v^2} \left(\frac{\partial u_r}{\partial r} + v\, \frac{u_r}{r} \right) \\ \sigma_\vartheta - \frac{v}{1-v}\, \sigma_z &= \frac{E}{1-v^2} \left(\frac{u_r}{r} + v\, \frac{\partial u_r}{\partial r} \right) \end{aligned} \right\} \tag{18}$$

und da wiederum nach Analogie mit den bekannten Lösungen $^1/_2\,\sigma_z$, von Ausnahmestellen abgesehen, klein ist im Vergleich mit σ_r oder σ_ϑ, so darf man bei der Integration längs der Scheibendicke die Größe σ_z streichen, und so erhält man die Näherungsgleichungen

$$\left. \begin{aligned} \sigma_r^* &= \frac{E}{1-v^2} \left(\frac{d u_r^*}{dr} + v\, \frac{u_r^*}{r} \right) \\ \sigma_\vartheta^* &= \frac{E}{1-v^2} \left(\frac{u_r^*}{r} + v\, \frac{d u_r^*}{dr} \right) . \end{aligned} \right\} \tag{19}$$

Indem man die erste der Gleichungen (18) nach r differenziert und dann der Scheibenstärke nach integriert, findet man in ganz ähnlicher Weise

$$\frac{d \sigma_r^*}{dr} = \frac{E}{1-v^2} \left(\frac{d^2 u_r^*}{dr^2} + \frac{v}{r}\, \frac{d u_r^*}{dr} - v\, \frac{u_r^*}{r^2} \right) . \tag{20}$$

Bei der voranstehenden Herleitung der Näherungsform des Problems haben wir uns wiederholt auf die Analogie mit den bekannten Lösungen berufen. Ein strengeres, aber erheblich komplizierteres Verfahren würde

darin bestehen, daß man die Auflösung des Systems (15), (17), (19), (20)
als eine erste Näherungslösung des streng gültigen Systems (6a), (10a),
(11a), (12) betrachtet und zum Ausgangspunkt einer Lösung durch eine
Folge von sukzessiven Approximationen macht[1]. Durch Einsetzen der
auf diesem Wege formal (d. h. rein rechnerisch und ohne eingehende
Prüfung der benutzten Rechenoperationen, wie z. B. Differentiation von
Näherungsgleichungen, auf Zulässigkeit) gefundenen Ausdrücke in das
streng gültige System von Differentialgleichungen und in die Randbedingungen hat man dann zu prüfen, ob man es mit wirklichen
Lösungen von befriedigender Ge-
nauigkeit zu tun hat. Diese
Bemerkung mag hier genügen.

Die weitere Behandlung des
Gleichungssystems (15), (17), (19)
ist elementar. Sie wird im
nächsten Paragraphen kurz angedeutet.

Da wir von nun an, wenn
nicht anders bemerkt, nur mit
den längs der Scheibendicke
genommenen Mittelwerten der
Verschiebungen, Verzerrungen
und Spannungen rechnen werden,
so liegt eine Verwechslungsgefahr
mit den entsprechenden auch von

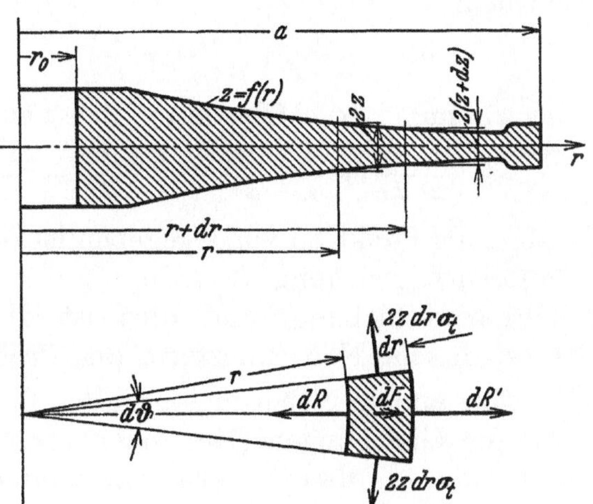

Abb. 4. Zum elastischen Gleichgewicht am
Scheibenelement.

der Höhenkoordinate abhängigen Größen des Problems in strenger
Form nicht vor. Daher lassen wir im nachstehenden (mit Ausnahme
von § 10 im 6. Kap.) die in diesem Paragraphen benutzte Mittel-
wertsbezeichnung durch Sternchen fort.

**5. Elementare Herleitung der Stodolaschen Näherungsform des Pro-
blems der rotierenden Scheibe.** Wenn man von der Veränderlichkeit der
Verschiebungen, Verzerrungen und Spannungen längs der Scheibendicke
absieht, so sind diese Größen Funktionen des Abstandes von der Scheiben-
achse allein. Es seien r der Radius, r_0 und a der innere bzw. der äußere
zylindrische Rand der Scheibe, $z = f(r)$, worin $f(r)$ eine gegebene
Funktion von r ist, die veränderliche halbe Scheibendicke, ϑ der von
einer willkürlichen Anfangsstellung aus gerechnete Azimutwinkel des
Radius, u die radiale Verschiebung eines materiellen Punktes der Scheibe,
σ_r und σ_t die radiale bzw. tangentiale Normalspannungskomponente,
ϱ die Massendichte, ω die Winkelgeschwindigkeit, E und v der Elastizitätsmodul bzw. die Poissonsche Konstante des Scheibenmaterials.
Die Gleichgewichtsbedingung eines Scheibenelementes nach Abb. 4 liefert
die Gleichung

<hr>

[1] Vgl. hierzu Stodolas Ausführungen in der Z. VDI 1907 S. 1269.

$$dR' - dR - dT\,d\vartheta + dF = 0\,,$$

worin

$$dR = 2\,\sigma_r z r\,d\vartheta \qquad dR' = 2\left[\sigma_r zr + \frac{d}{dr}\,(\sigma_r zr)\,dr\right]d\vartheta$$

$$dT\,d\vartheta = 2\,\sigma_t z\,dr\,d\vartheta \qquad dF = 2z\varrho\,\omega^2 r^2\,dr\,d\vartheta\,.$$

Setzt man dies in die Gleichgewichtsbedingung ein, so folgt

$$\frac{d}{dr}\,(rz\,\sigma_r) - z\,\sigma_t + \varrho\,\omega^2 r^2 z = 0\,. \tag{15a}$$

Nun gelten aber bei hinreichend dünnen Platten und Scheiben die Formeln

$$\sigma_r = \frac{E}{1-\nu^2}\left(\frac{du}{dr} + \nu\,\frac{u}{r}\right) \qquad \sigma_t = \frac{E}{1-\nu^2}\left(\nu\,\frac{du}{dr} + \frac{u}{r}\right), \tag{19a}$$

die wir nun in die Gleichung (15a) einführen[1]. Damit erhalten wir

$$\frac{d^2u}{dr^2} + \left(\frac{1}{z}\,\frac{dz}{dr} + \frac{1}{r}\right)\frac{du}{dr} + \left(\frac{\nu}{z}\,\frac{dz}{dr} - \frac{1}{r}\right)\frac{u}{r} + \frac{\varrho\,\omega^2\,(1-\nu^2)}{E}\,r = 0\,. \tag{21}$$

Falls z als Funktion von r gegeben ist, so ist (21) eine gewöhnliche lineare Differentialgleichung 2. Ordnung mit variablen Koeffizienten für die Radialverschiebung, und dies ist die erste von uns zu benutzende Stodolasche Näherungsform des Problems.

Eine andere Näherungsform des Problems ergibt sich wie folgt. Man löse die Gleichungen (19a) nach u/r und du/dr auf und eliminiere aus den zwei in dieser Weise entstandenen Gleichungen die Radialverschiebung[2]. Dann hat man die Gleichung

$$\frac{d\,\sigma_t}{dr} - \nu\,\frac{d\,\sigma_r}{dr} = (1+\nu)\,\frac{\sigma_r - \sigma_t}{r}\,. \tag{17a}$$

Nun führe man eine gewisse Funktion S durch die Formeln

$$z\,\sigma_r = \frac{S}{r} \qquad z\,\sigma_t = \frac{dS}{dr} + \varrho\,\omega^2 z r^2$$

ein[3]. Dann ist Gleichung (15a) identisch erfüllt, während die Gleichung (17a) in

$$\frac{d^2S}{dr^2} + \left(\frac{1}{r} - \frac{1}{z}\,\frac{dz}{dr}\right)\frac{dS}{dr} + \left(\frac{\nu}{z}\,\frac{dz}{dr} - \frac{1}{r}\right)\frac{S}{r} + (3+\nu)\,\varrho\,\omega^2 zr = 0 \tag{22}$$

übergeht[4].

Die Randbedingungen des Problems wurden bereits in der Einleitung erörtert. Sie besagen, daß die Scheibe am Außenrande durch die Fliehkräfte der Schaufelung beansprucht ist, so daß dort σ_r einen vorgeschriebenen Wert hat, und daß die Radialspannung am Innenrande

---

[1] Hinsichtlich der Zulässigkeit der damit involvierten Differentiation sei der nachforschende Leser auf die diesbezügliche Bemerkung im Schlußteil des vorangehenden Paragraphen verwiesen.

[2] Siehe vorangehende Randbemerkung.

[3] Siehe A. Foeppl, Techn. Mech. Bd. 5 (1922) S. 87.

[4] Eine dritte Näherungsform findet man bei A. Stodola, Dampf- und Gas-Turbinen 1922 S. 891.

verschwindet. Sofern in der Folge andere Randbedingungen vorkommen, werden sie im Text erläutert.

Im nachstehenden werden wir die für die Praxis wichtigen Lösungen und Lösungsverfahren des Problems der rotierenden Scheibe in der in diesem Paragraphen dargelegten Näherungsgestalt studieren. Einige allgemeine Eigenschaften der Lösung können aber schon jetzt aus dem System (21), (22), (19a) abgelesen werden. Dies möge hier auch gleich geschehen.

6. Allgemeine Eigenschaften der Lösung des Problems in Näherungsform. Zunächst bemerken wir, daß die einem Profil $z = f(r)$ entsprechende Lösung unverändert bleibt, falls $f(r)$ durch $Cf(r)$, worin C eine Konstante ist, ersetzt wird, sofern nur die neue Scheibenstärke ein zulässiges Maß nicht überschreitet. Die konstante Größe C kommt dann nämlich in den Ausdrücken für die Verschiebungen, Verzerrungen und Spannungen nicht vor; deswegen darf man sie als eine unwesentliche Konstante bezeichnen.

Ferner stellen wir fest, daß die Gleichungen (19a), (21) in der Form

$$\sigma_r = \frac{E}{1-v^2}\left[\frac{d(\omega u)}{d(\omega r)} + v\,\frac{\omega u}{\omega r}\right] \qquad \sigma_t = \frac{E}{1-v^2}\left[v\,\frac{d(\omega u)}{d(\omega r)} + \frac{\omega u}{\omega r}\right] \tag{19b}$$

$$\frac{d^2(\omega u)}{[d(\omega r)]^2} + \left[\frac{1}{z}\frac{dz}{d(\omega r)} + \frac{1}{\omega r}\right]\frac{d(\omega u)}{d(\omega r)} + \\ + \left[\frac{v}{z}\frac{dz}{d(\omega r)} - \frac{1}{\omega r}\right]\frac{\omega u}{\omega r} + \frac{\varrho(1-v^2)}{E}\,\omega r = 0 \tag{21a}$$

geschrieben werden können. Nun betrachte man zwei geometrisch ähnliche Scheiben, bei denen das Produkt ωr in einander entsprechenden Punkten dieselbe Größe hat. In solchen Scheiben ist dann nach (21a) auch ωu in entsprechenden Punkten unverändert, sofern über die Randbedingungen in geeigneter Weise verfügt wird. Damit aber sind auch die Spannungen in den einander entsprechenden Punkten nach (19b) unverändert. Dies bringt ein wichtiges Ähnlichkeitsgesetz des Scheibenproblems zum Ausdruck[1], das bei zahlen- oder kurvenmäßiger Darstellung der Lösungen häufig sehr nützlich verwendet werden kann (vgl. hierzu 4. Kap., § 2).

Ein anderes Ähnlichkeitsgesetz bei einer gewissen spezielleren Klasse von Lösungen werden wir im 5. Kapitel kennenlernen.

Auf die Gleichungen (21) und (22) zurückgreifend, bemerken wir ferner, daß das allgemeine Integral jeder dieser Gleichungen, wie aus den Elementen der Theorie der Differentialgleichungen bekannt ist, stets in der Gestalt

$$A_1 f_1(r) + A_2 f_2(r) + \Phi(r)$$

geschrieben werden kann. Hierin sind $f_1(r)$ und $f_2(r)$ gewisse Funktionen von r, nämlich die zwei partikulären Integrale der jeweils entsprechenden

[1] Stodola, A., Dampf- und Gas-Turbinen 1922 S. 339—340. Zum Ähnlichkeitsprinzip im allgemeinen sei auf Kap. 5, § 8 dieser Schrift verwiesen.

homogenen Differentialgleichung; A_1 und A_2 sind die zugehörigen willkürlichen Konstanten; die Funktion $\Phi(r)$ endlich ist das dem Gliede mit ω^2 in der inhomogenen Differentialgleichung entsprechende von willkürlichen Integrationskonstanten freie partikuläre Integral.

Falls z und dz/dr in der Umgebung der Stelle $r = 0$ endlich sind und z dort nicht verschwindet, so kann Gleichung (21) für kleine Werte von r in der Gestalt

$$\frac{d^2 u}{d r^2} + \frac{1}{r} \frac{d u}{d r} - \frac{1}{r} \frac{u}{r} = 0$$

geschrieben werden, da alles andere mit r verschwindet. Die letzte Differentialgleichung wird aber durch $u = \text{konst.} \; r^{-1}$ befriedigt; dies ist eine Lösung, die in der Nähe der Achse $r = 0$ unendlich wird. Das gleiche gilt dann nach (19a) auch von den Spannungen. Hieraus schließen wir, daß die Lösung nicht mehr als eine willkürliche Integrationskonstante haben darf, falls wir es mit einer Vollscheibe zu tun haben, d. h. falls die Stelle $r = 0$ der Scheibe angehört.

7. Das Festigkeitsmaß. Im Rahmen der gegenwärtig herrschenden Anschauungen über die zulässige Materialbeanspruchung wird die Festigkeit der rotierenden Scheibe nach Maßgabe der in ihr auftretenden größten Schubspannung beurteilt[1]. Dieses Festigkeitskriterium läßt sich auf die oben bereits benutzten Grundbegriffe wie folgt zurückführen.

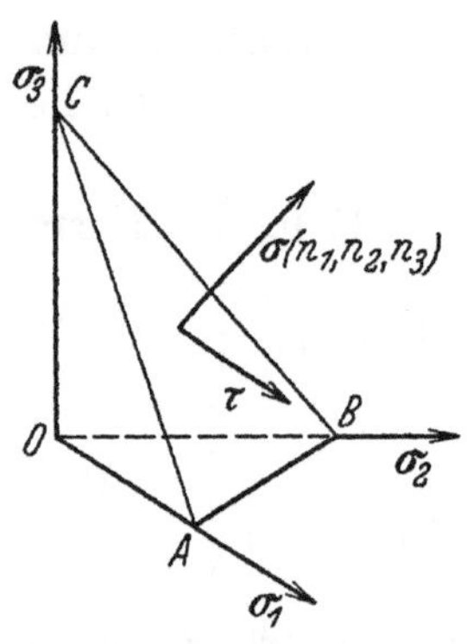

Abb. 5. Zur Kennzeichnung des Spannungszustandes durch die drei Hauptspannungen.

Der Spannungszustand ist in jedem Punkte der Scheibe durch Angabe der sechs Spannungskomponenten (§ 2 dieses Kapitels) vollständig bestimmt. Fallen die Koordinatenrichtungen mit den Spannungshauptrichtungen eines betrachteten Punktes zusammen, so sind die zugeordneten Schubspannungen bekanntlich gleich Null. Bezeichnet man die nach Größe und Richtung als gegeben vorausgesetzten Hauptspannungen in einem Punkte mit σ_1, σ_2, σ_3, so liegt nach dem eben Gesagten die Aufgabe vor, den Schnitt ABC in Abb. 5 so zu legen, daß die darin auftretende Schubspannung τ am größten wird, und diese ist dann für die Festigkeitsbeurteilung maßgebend.

Sind die Richtungskosinus der Normalkomponente σ der auf ABC wirkenden Spannung in bezug auf σ_1, σ_2, σ_3 entsprechend gleich n_1, n_2, n_3, so folgt aus dem Gleichgewicht des Elementes unter Berücksichtigung der Flächengrößenverhältnisse

---

[1] Siehe A. Stodola, Dampf- und Gas-Turbinen, 1922 S. 314. Andere Anschauungen über das Festigkeitsmaß werden uns im 3. Kapitel beschäftigen.

$$\sigma = n_1^2 \sigma_1 + n_2^2 \sigma_2 + n_3^2 \sigma_3$$
$$\tau^2 = n_1^2 \sigma_1^2 + n_2^2 \sigma_2^2 + n_3^2 \sigma_3^2 - (n_1^2 \sigma_1 + n_2^2 \sigma_2 + n_3^2 \sigma_3)^2$$

wobei

$$n_1^2 + n_2^2 + n_3^2 = 1.$$

Für alle Flächenelemente, die durch $n_3 = 0$ gekennzeichnet sind, kann daraus die erste der drei folgenden Beziehungen leicht abgeleitet werden, und die beiden anderen ergeben sich in ganz analoger Weise für $n_2 = 0$ und $n_1 = 0$. Diese drei Formeln, nämlich

$$[\sigma - \tfrac{1}{2}(\sigma_1 + \sigma_2)]^2 + \tau^2 = \tfrac{1}{4}(\sigma_1 - \sigma_2)^2 \quad \text{(für } n_3 = 0)$$
$$[\sigma - \tfrac{1}{2}(\sigma_1 + \sigma_3)]^2 + \tau^2 = \tfrac{1}{4}(\sigma_1 - \sigma_3)^2 \quad \text{(für } n_2 = 0)$$
$$[\sigma - \tfrac{1}{2}(\sigma_2 + \sigma_3)]^2 + \tau^2 = \tfrac{1}{4}(\sigma_2 - \sigma_3)^2 \quad \text{(für } n_1 = 0)$$

stellen drei Kreise in einer $\sigma\tau$-Ebene dar (Abb. 6). Es sind dies die bekannten Mohrschen Kreise zur Darstellung des Spannungszustandes in einem Punkte[1]. Jeder Punkt innerhalb des Kreisdreiecks 123 entspricht einem möglichen Wertepaar σ, τ, wie leicht einzusehen ist. Die Zuordnung der Innenpunkte des Gebietes 123 den Normalenrichtungen von $A\,BC$ ergibt sich aus dem vorletzten Gleichungssystem in einfacher Weise[2]. Wir benutzen nur die aus der Mohrschen Darstellung ohne weiteres hervorgehende Tatsache, daß die größte in einem Punkte auftretende

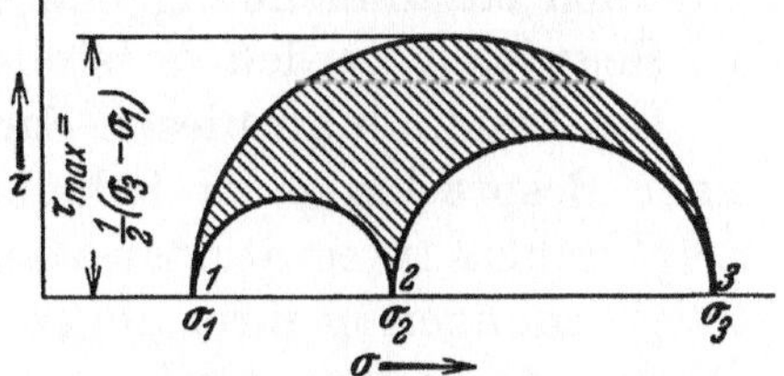

Abb. 6. Mohrsche Darstellung des Spannungszustandes.

Schubspannung der halben Differenz der größten und der kleinsten der drei Hauptspannungen gleich ist. Sie ist in der Abbildung als τ_{max} eingetragen.

Laut obigem (§§ 3, 4, dieses Kapitels) können σ_r und σ_t zusammen mit der dritten in die Axialrichtung fallenden Normalspannung σ_z, die praktisch gleich Null ist, mit guter Näherung als die Hauptspannungen unseres Problems angesehen werden. Aus ihnen ergibt sich in der eben angegebenen Weise die größte Schubspannung. Ihre Zulässigkeit ist natürlich nach den Eigenschaften des jeweils verwendeten Materials zu beurteilen.

Zweites Kapitel.

Die Grundlösungen und die graphischen Lösungsverfahren.

1. Vorbemerkungen. Wenn man in Gleichung (21) oder Gleichung (22) die Funktion $z = f(r)$ gleich konst. setzt, so kommt man auf die zylindrische Scheibe, oder die Scheibe gleicher Dicke, wie sie in der Literatur

---

[1] Siehe O. Mohr, Abhandlungen, 2. Aufl. S. 192. Berlin 1914.

[2] Eine graphische Darstellung dieser Zuordnung findet man im Handbuch der Physik, Bd. 6 (1928) S. 433 (A. Nádai).

allgemein genannt wird. Die im Rahmen der strengen Theorie bereits oben gegebene Spannungsberechnung in einer solchen Scheibe ist nicht nur an sich von Interesse, beispielsweise für die Schleifscheibenindustrie[1], sondern auch wegen der aus ihr folgenden Schlüsse allgemeinerer Natur und insbesondere wegen der auf ihr beruhenden praktisch sehr wertvollen graphischen Berechnungsverfahren für Dampfturbinen-Laufradscheiben beliebigen Profils. Daher darf man diese Speziallösung als eine Grundlösung des Scheibenproblems bezeichnen.

Während aber somit die Scheibe gleicher Dicke für die Praxis des Scheibenentwurfes im Sinne der Methode eine Grundlage liefert, hat eine andere Grundlösung, nämlich die Scheibe gleicher Festigkeit, bei der überall $\sigma_r = \sigma_t = \text{konst.}$ ist, im Sinne einer gleichmäßigen Ausnutzung des Materials vielfach als Vorbild gedient. Diese letztere Tendenz darf sogar bis zu einem gewissen Grade als ein Gesichtspunkt betrachtet werden, wonach die graphischen Lösungsverfahren in eine innerlich zusammenhängende Gruppe vereinigt werden können, wie wir an Beispielen werden feststellen können.

Im Anschluß an diesen Sachverhalt beginnen wir dieses Kapitel mit einer Besprechung der Scheibe gleicher Festigkeit. Hierauf folgen die graphischen Integrationsverfahren, denen die Stodolaschen Differentialgleichungen in ihrer allgemeinen Gestalt unmittelbar zugrunde liegen. Diese Integrationsverfahren haben ihre praktische Verwendbarkeit für den Scheibenentwurf auch heutzutage nicht eingebüßt; sie dienen in gewissem Sinne auch als Vorbereitungsstadium für die später aus der Theorie der Scheibe gleicher Dicke entstandenen graphischen Verfahren. Die letztere Grundlösung und die auf ihr beruhenden graphischen Lösungsverfahren werden dann ihrer großen praktischen Bedeutung entsprechend ausführlich erörtert.

2. Die Scheibe gleicher Festigkeit. Für ein durch die Formel

$$z = C e^{-\frac{\varrho\,\omega^2}{2\,\sigma}\,r^2} \tag{23}$$

gegebenes Profil, worin C eine Konstante von der Dimension einer Länge und σ eine solche von der Dimension einer Spannung sind, während e die Basis des Systems der natürlichen Logarithmen bedeutet, geht die Gleichung (21) über in

$$\frac{d^2u}{dr^2} + \left(\frac{1}{r} - \frac{\varrho\,\omega^2}{\sigma}\,r\right)\frac{du}{dr} - \left(\frac{1}{r} + \frac{\nu\,\varrho\,\omega^2}{\sigma}\,r\right)\frac{u}{r} + \frac{\varrho\,\omega^2\,(1-\nu^2)}{E}\,r = 0 \,. \tag{24}$$

Die vollständige Lösung dieser Differentialgleichung ist mit Hilfe unendlicher Reihen darstellbar[2]. Hier genügt es aber zu bemerken, daß

$$u = C_1 \frac{1-\nu}{E}\,\sigma r \tag{25}$$

worin C_1 eine Konstante ist, eine Lösung von (24) ist, wie man sich durch

---

[1] Siehe M. Gruebler, Z. VDI Bd. 41 (1897) S. 860.
[2] Siehe 3. Kap., § 4.

Einsetzen leicht überzeugt, wenn nur $C_1 = 1$ gesetzt wird. Da also willkürliche Konstanten in (25) nicht mehr vorkommen dürfen, so ist dies nichts anderes, als das dem letzten Glied der linken Seite von (24) entsprechende partikuläre Integral (s. hierzu 1. Kap., § 6). Daher muß die allgemeine Lösung von (24) die Gestalt

$$u = A_1 f_1(r) + A_2 f_2(r) + \frac{1-\nu}{E}\, \sigma r$$

haben. Hierin sind $f_1(r)$ und $f_2(r)$ gewisse Funktionen von r, während A_1 und A_2 willkürliche Integrationskonstanten bedeuten.

Haben wir es mit einer Vollscheibe zu tun, so wird eine der zwei Integrationskonstanten, etwa A_2, gleich Null (1. Kap., § 6). Daher wird für eine undurchbohrte Scheibe des Profils (23) auf Grund von (19a), indem wir Differentiationen nach r durch einen Strich bezeichnen,

$$\sigma_r = \frac{E}{1-\nu^2}\left\{ A_1\left[f_1'(r) + \frac{\nu}{r} f_1(r) \right] + \frac{1-\nu^2}{E}\, \sigma \right\}$$

$$\sigma_t = \frac{E}{1-\nu^2}\left\{ A_1\left[\frac{1}{r} f_1(r) + \nu f_1'(r) \right] + \frac{1-\nu^2}{E}\, \sigma \right\}$$

oder, mit Abkürzungen, die ohne weiteres verständlich sind,

$$\sigma_r = A\, g(r) + \sigma \qquad \sigma_t = A\, h(r) + \sigma$$

worin also wiederum $g(r)$ und $h(r)$ gewisse Funktionen von r sind, während A eine willkürliche Integrationskonstante bedeutet.

Schreiben wir nun vor, daß σ_r an dem sonst beliebig zu wählenden Rande $r = a$ gerade die Größe σ haben soll[1], so muß auch, wie der letzte Ausdruck für σ_r zeigt, die Konstante A verschwinden, da $g(r)$ nicht identisch gleich Null sein kann. Somit haben wir das Ergebnis: Wird die nach dem Profil (23) geformte Vollscheibe bei der Geschwindigkeit ω durch eine radiale Randspannung vom Betrage der in (23) auftretenden Größe σ beansprucht, so ist bei dieser Geschwindigkeit $\sigma_r = \sigma_t = \sigma$ in jedem Scheibenpunkte. Daher der obige Name des Profils.

Die nach diesem Profil ausgeführte Vollscheibe eignet sich infolge des Fortfallens der hohen Bohrspannungen[2] und der gleichmäßigen Materialbeanspruchung für sehr hohe Umfangsgeschwindigkeiten. Sie wird in der Dampfturbine von de Laval verwendet. Abb. 7[3] zeigt ein Turbinenrad dieser speziellen Art. Die am Rande sichtbare Eindrehung ist eine geschützte Sicherheitsmaßregel gegen Zerspringen: beim Durchgehen der Turbine soll nämlich zunächst der Kranz abgeschleudert werden und dadurch, da keine Schaufeln mehr vorhanden sind, der ungleich gefährlichere Scheibenbruch verhütet werden.

---

[1] Wegen der Verwirklichung dieser Randbedingung siehe den Beitrag von A. Basch und A. Leon in den Wiener Akademieberichten Bd. 116 (1907) Abt. IIa, ferner A. Stodola, Dampf- und Gas-Turbinen, 1922 S. 315—316 und die Arbeit von A. Fischer in der Z. öst. Ing.- u. Arch.-Ver. 1922 S. 46.

[2] Vgl. hierzu Abb. 3, sowie die Beispiele in den Kap. 4 und 5.

[3] Dem Stodolaschen Werke, S. 315—316, entnommen.

In der Regel ist jedoch die in der Scheibe gleicher Festigkeit ohne
Bohrung und mit der gekennzeichneten speziellen Randbedingung ver-
wirklichte Spannungsverteilung insofern nur als ein ideales Vorbild zu
betrachten, als die Ausnutzung der zur Verfügung stehenden Dampfenergie in einem einzigen Schaufelkranz, wie bei der de Lavalschen
Turbine, nur in seltenen und untergeordneten Fällen möglich ist (s. Einl.
§ 2). Hat man aber mit einem Radsatz zu tun, so ist man auf die
Verwendung von durchbohrten Scheiben angewiesen. Wird nun eine

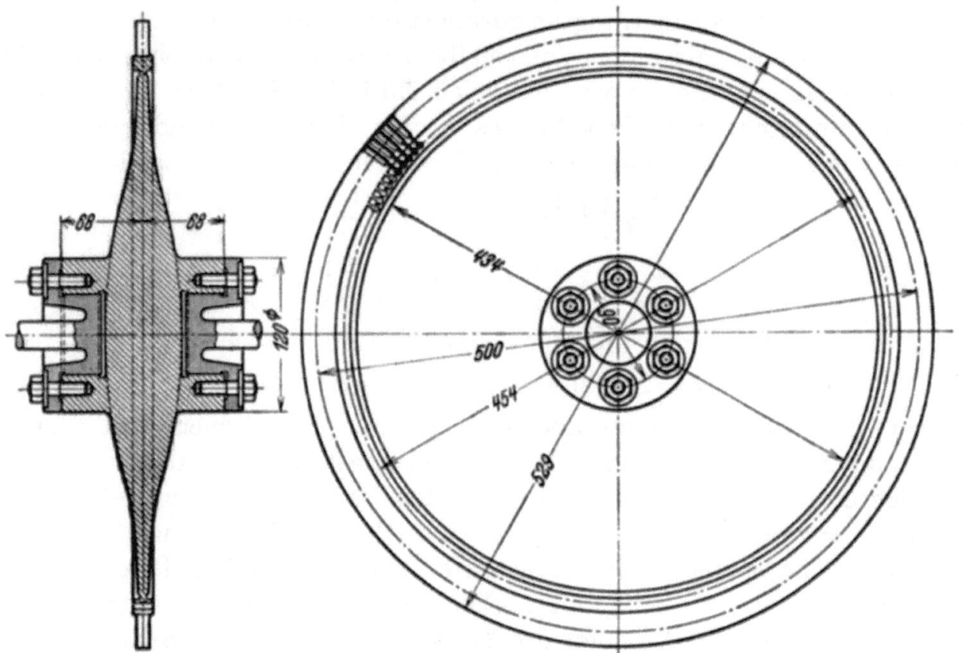

Abb. 7. de Lavalsches Turbinenrad gleicher Festigkeit. (Nach A. Stodola, Dampf- und
Gas-Turbinen, 1922 S. 316.)

Scheibe des Profils (23) durchbohrt, so ist eine gleichmäßige Spannungsverteilung nicht mehr erreichbar. Die oben mit A_1, A_2 bezeichneten
Konstanten brauchen nicht mehr zu verschwinden. Die Spannungsberechnung wird recht kompliziert, und die Wahl des Profils (23) ist
dann auch sonst im allgemeinen nicht gerechtfertigt.

Sieht man sich bei der durchbohrten Scheibe somit veranlaßt, auf
das Profil (23) zu verzichten, so wird man häufig doch bestrebt sein,
auch in diesem Falle der Ungleichförmigkeit der Spannungsverteilung
nach Möglichkeit entgegenzuwirken. Wie dies geschieht, werden wir
gleich sehen.

**3. Graphische Integrationsverfahren nach Stodola und nach
H. Holzer.** Schreibt man Gleichung (21) in der Form

$$\frac{1}{z}\frac{dz}{dr} = -\frac{r^2 u'' + r u' - u + c r^3}{r^2 u' + v\, r u}, \tag{26}$$

worin

$$u' = \frac{du}{dr} \qquad u'' = \frac{d^2u}{dr^2}$$

$$c = \frac{(1 - v^2)\,\varrho\,\omega^2}{E} \qquad\qquad (27)$$

so kann man z durch Integration ermitteln, falls man mit Stodola[1] über die Radialverschiebung u als Funktion von r unter Beachtung der Randbedingungen verfügt. Sind etwa ins-
besondere am Innen-
rande $r = r_0$ die Werte
von σ_r und σ_t für die
der Formel (27) zu-
grunde liegende Winkel-
geschwindigkeit ω vorgeschrieben, so sind
damit nach den Glei-
chungen (19a) die Rand-
werte von u und u' für
$r = r_0$ gegeben. Hat
man danach eine be-

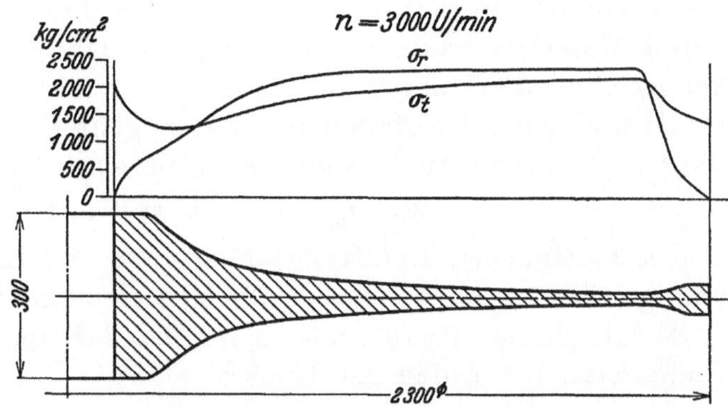

Abb. 8. Zur graphischen Scheibenberechnung nach Stodola.
(Nach A. Stodola, Dampf- und Gas-Turbinen, 1922 S. 330.)

stimmte Wahl für u getroffen, so sind damit erstens die Spannungen σ_r und σ_t wiederum vermöge der Gleichungen (19a) in jedem Punkte festgelegt; zweitens ist dann die rechte Seite von (26) als eine bekannte Funktion $F(r)$ von r zu betrachten, und durch Integration erhält man dann

$$ln\left(\frac{z}{z_0}\right) = \int_{r_0}^{r} F(r)\,dr \qquad \text{bzw.} \qquad ln\left(\frac{z}{z_a}\right) = \int_{a}^{r} F(r)\,dr$$

je nachdem die Scheibenstärke am Innenrand $r = r_0$ oder am Außenrand $r = a$ gegeben bzw. angenommen wird.

Benutzt man für u einen analytischen Ansatz, etwa in der Form einer Reihe mit unbestimmten Koeffizienten, so wird die numerische Rechnung erfahrungsgemäß sehr verwickelt. Daher führt man die Integration in der Regel auf graphischem Wege durch. Wichtig ist der Vorteil, daß man durch geeignete Abänderung der für die Radialver-schiebung angenommenen Kurve die Spannungsverteilung in gewünschtem Sinne und Maße beeinflussen kann. Abb. 8 ist ein dem Stodolaschen Lehr- und Handbuch entnommenes Beispiel einer in der oben dargelegten Weise berechneten Scheibe von 2300 mm Durchmesser für eine minut-liche Umdrehungszahl $n = 3000$[2]. Sehr bemerkenswert ist die aus-gezeichnete, der Forderung nach Gleichmäßigkeit in hohem Grade genügende Spannungsverteilung und die gefällige Profilform. Allerdings

---

[1] Stodola, A., Dampf- und Gas-Turbinen, 1922 S. 239 und Z. VDI 1907 S. 1269.
[2] Stodola, A., Dampf- und Gas-Turbinen, 1922 S. 330.

liegt bei einer solchen schlanken Scheibe im allgemeinen die Gefahr von Transversalschwingungen nahe[1].

Wegen der Einzelheiten der praktischen Durchführung der Berechnung sei auf das Stodolasche Originalwerk verwiesen. Der Anfänger sei insbesondere auf die bei einem Verfahren dieser Art vorausgesetzte Sicherheit im Manipulieren mit Maßstäben aufmerksam gemacht.

Das im obigen Beispiel zutage tretende Bestreben nach einer möglichst guten Materialausnutzung ist auch für das Verfahren von H. Holzer kennzeichnend[2]. Um von diesem Gesichtspunkte aus über die Spannungen möglichst bequem verfügen zu können, geht Holzer von einer Annahme über σ_r (oder σ_t) aus, indem er dafür eine Reihe

$$\sigma_r = a_0 + a_1 r + a_2 r^2 + a_3 r^3 + \cdots$$

mit unbestimmten Koeffizienten ansetzt und diese Reihe in die Gleichung (17a) einführt. Dies ergibt eine elementar zu integrierende Differentialgleichung für σ_t (bzw. σ_r). Bei der angegebenen Wahl von σ_r findet man für σ_t den Ausdruck[3]

$$\sigma_t = a_0 + \frac{1+2\nu}{2+\nu} a_1 r + \frac{1+3\nu}{3+\nu} a_2 r^2 + \frac{1+4\nu}{4+\nu} a_3 r^3 + \cdots + \text{konst.} \, r^{-(1+\nu)}$$

Indem nun für die Spannungsverteilung neben den Randbedingungen noch gewisse Vorschriften aufgestellt werden, erhält man die Lösung der Aufgabe in ähnlicher Weise wie beim Stodolaschen Verfahren. Wegen der praktischen Durchführung sei wiederum auf die angegebenen Quellen verwiesen.

4. Die Scheibe gleicher Dicke. Führt man $z = \text{konst.}$ in Gleichung (21) ein, so lautet das allgemeine Integral der dadurch entstehenden Differentialgleichung

$$u = -\frac{c}{8} r^3 + A_1 r + \frac{A_2}{r},$$

worin c die in (27) angegebene Bedeutung hat, während A_1 und A_2 willkürliche Integrationskonstanten sind. Die entsprechenden Spannungen sind nach (19a)

$$\left. \begin{aligned} \sigma_r &= \frac{E}{1-\nu^2} \left[-\frac{c}{8}(3+\nu) r^2 + (1+\nu) A_1 - (1-\nu) \frac{A_2}{r^2} \right] \\ \sigma_t &= \frac{E}{1-\nu^2} \left[-\frac{c}{8}(1+3\nu) r^2 + (1+\nu) A_1 + (1-\nu) \frac{A_2}{r^2} \right]. \end{aligned} \right\} \quad (28)$$

Hat die Scheibe einen Außenradius a und ist sie mit einer Zentralbohrung vom Radius r_0 versehen, und schreibt man ferner die Randbedingungen

---

[1] Hierzu vgl. man neben Abschnitt 187 des Stodolaschen Werkes (S. 903—917), insbesondere den Artikel von W. Campbell in den Trans. Amer. Soc. mech. Engr. Bd. 46 (1924) S. 31.

[2] Siehe Z. Turbinenwesen 1913 S. 401; 1915 S. 4.

[3] In der von Holzer gegebenen Darstellung tritt im Ausdruck für σ_t noch ein besonderes auf die Temperaturwirkungen bezügliches Zusatzglied hinzu.

$$\left.\begin{array}{ll}\sigma_r = 0 & \text{für } r = r_0 \\ \sigma_r = \sigma & \text{für } r = a\end{array}\right\} \text{bei der Winkelgeschwindigkeit } \omega \left.\right\} \quad (29)$$

vor, so erhält man aus den Gleichungen (28) durch einfache Rechnung und mit Rücksicht auf (27)

$$\left.\begin{aligned}\sigma_r &= -\frac{1}{8}(3+v)\,\varrho\,\omega^2\,\frac{(r^2-a^2)(r^2-r_0^2)}{r^2} + \frac{a^2}{a^2-r_0^2}\,\frac{r^2-r_0^2}{r^2}\,\sigma \\[2mm] \sigma_t &= \frac{1}{8}\varrho\,\omega^2\left[-(1+3v)\,r^2 + (3+v)\left(a^2+r_0^2+\frac{a^2 r_0^2}{r^2}\right)\right] + \\[2mm] &\qquad\qquad + \frac{a^2}{a^2-r_0^2}\,\frac{r^2+r_0^2}{r^2}\,\sigma\,.\end{aligned}\right\} \quad (30)$$

Von der Richtigkeit dieser Lösung kann man sich auch dadurch überzeugen, daß man erstens die Ausdrücke (30) in die Gleichungen (15a) und (17a) einsetzt, wodurch diese Gleichungen identisch erfüllt werden; führt man dann zweitens $r=r_0$ und $r=a$ in die erste der Formeln (30) ein, so findet man in der Tat $\sigma_r = 0$ für $r = r_0$, $\sigma_r = \sigma$ für $r = a$.

Wir wollen nun die Scheibe gleicher Dicke hinsichtlich der Spannungsverteilung mit einer solchen von allmählich nach dem Außenrande hin abnehmenden Dicke der in Abb. 8 dargestellten Art vergleichen. Diesem Zwecke möge folgendes Beispiel dienen. Es sei die Spannungsverteilung in einer Scheibe gleicher Dicke zu ermitteln, für die die Radialspannung am Rande $a = 100$ cm bei einer Umdrehungszahl $n = 3000$ pro Minute den Wert $\sigma_r = 2400$ kg/cm^2 besitzt; der Innenrand $r_0 = 8$ cm soll dabei spannungsfrei bleiben. Die Materialkonstanten sind $\varrho = 8\cdot10^{-6}$ kgsec^2/cm^4 und $v = 0{,}3$.

Setzt man diese Zahlenwerte und $\omega = \pi n : 30 = 314$ in die obigen Formeln (30) ein, so ergibt sich

$$\sigma_r = (\omega)_r + (\sigma)_r \qquad \sigma_t = (\omega)_t + (\sigma)_t,$$

worin

$$(\omega)_r = 3300\left[1-\left(\frac{r}{100}\right)^2\right]\left[1-\left(\frac{8}{r}\right)^2\right]; \quad (\sigma)_r = 2400\left[1-\left(\frac{8}{r}\right)^2\right]$$

$$(\omega)_t = 3300\left[1-0{,}576\left(\frac{r}{100}\right)^2+\left(\frac{8}{r}\right)^2\right]; \quad (\sigma)_t = 2400\left[1+\left(\frac{8}{r}\right)^2\right]$$

die durch die Zentrifugalkräfte bzw. durch die Randspannung σ bedingten Spannungsanteile in kg/cm^2 sind, wobei r in cm einzusetzen ist. Danach ist die Spannungsverteilung in Abb. 9 graphisch dargestellt.

Dieses Bild zeigt deutlich, warum die Scheibe gleicher Dicke als Dampfturbinen-Laufradscheibe im allgemeinen nicht verwendet werden kann[1]. Den in der Einleitung besprochenen Betriebsverhältnissen gemäß sind die Randbedingungen (29) in der Praxis als etwas bestimmt Vorgeschriebenes zu betrachten, an dem so gut wie nichts zu ändern ist. Während nun bei der Scheibe der Abb. 8 die Spannung $\sigma = 2400$ kg/cm^2

---

[1] Zur ausnahmsweisen Verwirklichung dieser Scheibenform in einstückig geschmiedeten Rotoren vgl. man G. S. Jiritzky, a. a. O. S. 38—39, Abb. 25.

für $r = 100$ cm die maximale in der Scheibe auftretende Spannung ist, bedingt sie in der Scheibe gleicher Dicke Radialspannungen von rd. 5000 kg/cm² im Innern der Scheibe und eine Tangentialspannung[1] gleich rd. 11 400 kg/cm² am Innenrande. Wenn somit auch der Dampfturbinenkonstrukteur bei der Scheibe gleicher Dicke trotzdem noch etwas länger zu verweilen hat, so hat dies seinen Grund in den Beziehungen, in denen die Theorie dieser Speziallösung zu anderen in der Folge zu behandelnden Fragen steht.

Zunächst läßt sich an dieser Lösung der Einfluß einer Bohrung auf die Spannungsverteilung bequem studieren. Zu diesem Zwecke stellen

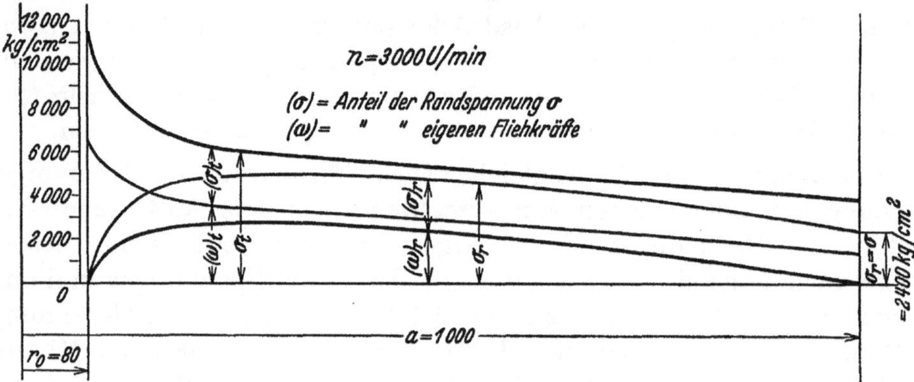

Abb. 9. Spannungsverteilung in einer Scheibe gleicher Dicke.

wir dem Gleichungssystem (30) die entsprechenden Gleichungen der Vollscheibe gegenüber.

Bei der Vollscheibe ist die Konstante A_2 in dem am Anfang dieses Paragraphen gegebenen Ausdruck für die Verschiebung und in den Gleichungen (28) für die Spannungen gleich Null zu setzen, da weder die Verschiebung, noch die Spannungen an der Stelle $r = 0$, die jetzt dem Körper angehört, unendlich groß werden dürfen (s. hierzu 1. Kap., § 6). Setzt man aber $A_2 = 0$ und verlangt man dann, den Randbedingungen (29) entsprechend, die Erfüllung der analogen Bedingung

$$\sigma_r = \sigma \qquad \text{für } r = a, \tag{29a}$$

so erhält man aus (28) mit Rücksicht auf (27)

$$\left.\begin{aligned}
\sigma_r &= \sigma + \frac{1}{8}\varrho\,\omega^2(3+\nu)(a^2 - r^2) \\
\sigma_t &= \sigma + \frac{1}{8}\varrho\,\omega^2[(3+\nu)\,a^2 - (1+3\nu)\,r^2].
\end{aligned}\right\} \tag{31}$$

In der Scheibenmitte ($r = 0$) sind beide Spannungskomponenten einander

---

[1] Hier und in der Folge ist unter der „Tangentialspannung" natürlich nicht das Äquivalent einer Schubspannung, sondern die in die Tangentialrichtung fallende Normalkomponente der Spannung zu verstehen.

gleich, wie es auch sein muß, und zwar wird

$$\sigma_r \underset{(r=0)}{=} \sigma_t \underset{(r=0)}{=} \sigma + \frac{1}{8}\,\varrho\,\omega^2\,(3+\nu)\,a^2\,.$$

Die Ausdrücke (31) sind nun mit den entsprechenden Ausdrücken des Systems (30) zu vergleichen. Hierbei wollen wir die Wirkungen der Zentrifugalkraft und der Randspannung σ getrennt studieren.

Setzt man in den Gleichungen (30) und (31) die Randspannung σ gleich Null, so erhält man die Spannungsanteile $(\omega)_r$ und $(\omega)_t$, der obigen Bezeichnung entsprechend, für die durchbohrte bzw. nicht durchbohrte Scheibe, und diese Ausdrücke stimmen, wie nebenbei bemerkt werden mag, mit den entsprechenden Ausdrücken des Systems (14) überein, wenn man darin die Glieder streicht, die der Schwankung der Spannung um die längs der Scheibendicke genommenen Mittelwerte darstellt, bzw. wenn man außerdem auch b gleich Null setzt. Diese Spannungsanteile seien in der folgenden Tabelle zusammengestellt:

Tabelle 2.

	$(\omega)_r$	$(\omega)_t$
Vollscheibe	$\frac{1}{8}\,\varrho\,\omega^2 a^2\,(3+\nu)\left(1-\dfrac{r^2}{a^2}\right)$	$\frac{1}{8}\,\varrho\,\omega^2 a^2\left[3+\nu-(1+3\nu)\dfrac{r^2}{a^2}\right]$
Durchbohrte Scheibe	$\frac{1}{8}\,\varrho\,\omega^2 a^2\,(3+\nu)\left(1-\dfrac{r^2}{a^2}\right)\left(1-\dfrac{r_0^2}{r^2}\right)$	$\frac{1}{8}\,\varrho\,\omega^2 a^2\left[(3+\nu)\left(1+\dfrac{r_0^2}{a^2}+\dfrac{r_0^2}{r^2}\right)-(1+3\nu)\dfrac{r^2}{a^2}\right]$

Für die Vollscheibe verlaufen demnach die Spannungsanteile $(\omega)_r$ und $(\omega)_t$ je nach einer Parabel. Jede dieser Parabeln hat ihren Scheitel in $r=0$. In diesem Punkte ist $(\omega)_r$ gleich $(\omega)_t$, wie es auch sein muß. Auch bei der durchlochten Scheibe stellen diese Parabeln die Spannungsanteile $(\omega)_r$ und $(\omega)_t$ für hinreichend große r mit sehr guter Näherung dar. Je mehr man sich aber der Bohrung bzw. der Drehachse nähert, desto stärker weichen die Kurven der $(\omega)_r$ und $(\omega)_t$ der durchbohrten Scheibe von denen der Vollscheibe ab. Während aber die erstere Kurve bei der durchbohrten Scheibe nach unten abweicht, um am Innenrande $r=r_0$ die Nullachse zu schneiden, biegt die letztere Kurve bei derselben Scheibe nach oben ab, um am Innenrande einen Betrag zu erreichen, der im Grenzfalle $r_0 \to 0$ doppelt so groß ist wie bei der Vollscheibe.

Setzt man in den Formeln (30) und (31) dagegen ω gleich Null, so erhält man die Spannungsanteile $(\sigma)_r$ und $(\sigma)_t$ für die durchbohrte bzw. nicht durchbohrte Scheibe. Diese Spannungsanteile sind in der Tabelle 3 zusammengestellt [vgl. hierzu Gleichungen (14a) mit $p_1 = 0$]:

Tabelle 3.

	$(\sigma)_r$	$(\sigma)_t$
Vollscheibe	σ	σ
Durchbohrte Scheibe	$\sigma\,\dfrac{1-\dfrac{r_0^2}{r^2}}{1-\dfrac{r_0^2}{a^2}}$	$\sigma\,\dfrac{1+\dfrac{r_0^2}{r^2}}{1-\dfrac{r_0^2}{a^2}}$

Ist also die ruhende Vollscheibe überall am Rande durch die konstante Normalspannung σ beansprucht, so ist auch überall im Innern der Scheibe

$$\sigma_r \underset{(\omega=0)}{=} \sigma_t \underset{(\omega=0)}{=} \sigma \qquad (32)$$

und wie man aus den Gleichgewichtsbedingungen für ein entsprechend ausgesondertes unendlich kleines Element der Scheibe ersieht, ist die Normalspannung gleich σ in jedem ebenen Schnitte parallel zur Drehachse, während die Schubspannung in jedem solchen Schnitte verschwindet. Auf diesen speziellen Spannungszustand kommen wir unten noch einmal zurück.

Ist aber die durchbohrte Scheibe in derselben Weise am Außenrande durch die Normalspannung σ beansprucht, so herrscht auch überall im Innern der Scheibe mit sehr guter Näherung der durch (32) dargestellte Spannungszustand, sofern es sich um Scheibenteile handelt, die außerhalb einer gewissen Umgebung der Bohrung liegen. An der Bohrung selbst dagegen haben wir genau den gleichen Sachverhalt, wie bei den von der Zentrifugalkraft herrührenden Spannungsanteilen nach Tabelle 2. Danach steigt insbesondere die Tangentialspannung an der Bohrung auf das Doppelte ihres bei der Vollscheibe auftretenden Betrages.

Damit dürfte die durch eine noch so geringe Bohrung hervorgerufene Anhäufung von Spannungen deutlich zur Darstellung gekommen sein. Zwar läßt sich diese Anhäufung durch eine Profiländerung der Scheibe mehr oder weniger weitgehend beeinflussen, wovon z. B. bei der Ausführung nach Abb. 8 Gebrauch gemacht wird; sie ist jedoch ihrem Wesen nach für die Feststellung der Konstruktionsgrenzen beim Entwurf von Dampfturbinen-Laufradscheiben in hohem Grade maßgebend[1].

Die oben benutzte Einteilung der Spannungsbeträge in Anteile, die von der Fliehkraft bzw. von der Randspannung herrühren, ist auch bei anderen Profilen für Berechnungszwecke häufig mit Vorteil anwendbar (s. 4. Kap., § 2).

Eine für spätere Betrachtungen (6. Kap.) wichtige weitere Folge des Gleichungssystemes der Scheibe gleicher Dicke bezieht sich auf die Spannungsverteilung in der am Innenrande durch konstanten Druck beanspruchten ruhenden Scheibe. Setzt man in den Gleichungen (28) c gleich Null und schreibt dabei die Bedingungen

$$\left.\begin{aligned} \sigma_r &= -\sigma && \text{für } r = r_0 \\ \sigma_r &= 0 && \text{für } r = a \end{aligned}\right\} \qquad (33)$$

---

[1] Ergänzungsweise sei hier die Bemerkung hinzugefügt, daß der bei entsprechenden Dimensionsverhältnissen örtliche Charakter der oben geschilderten Spannungsanhäufungen mit dem Prinzip von de St. Venant im Einklang steht.

vor, so ergibt sich [vgl. hierzu Gleichungen (14a) mit $p_0 = 0$]

$$\left.\begin{aligned} \sigma_r &= -\,\sigma\,\frac{r_0^2}{a^2 - r_0^2}\left(\frac{a^2}{r^2} - 1\right) \\ \sigma_t &= \sigma\,\frac{r_0^2}{a^2 - r_0^2}\left(\frac{a^2}{r^2} + 1\right). \end{aligned}\right\} \tag{34}$$

Diese Spannungsverteilung ist in Abb. 10 graphisch dargestellt. Es handelt sich hierbei wiederum um eine örtliche Spannungsanhäufung der oben besprochenen Art. Ist z. B. $r_0 : a = 1 : 7$, so wird bereits für einen Punkt $r = 5\,r_0$

$$\frac{\sigma_r}{\sigma} = -\,\frac{1}{48}\left(\frac{49}{25} - 1\right) = \sim -\,0{,}02$$

$$\frac{\sigma_t}{\sigma} = \frac{1}{48}\left(\frac{49}{25} + 1\right) = \sim 0{,}06\,.$$

Das Gegenstück zu dem eben berührten Fall der am Innenrand durch gleichmäßigen Druck beanspruchten ruhenden Scheibe bildet der Fall einer Radwelle von kreisförmigem Querschnitt, die auf einer beträchtlichen Länge unter der Einwirkung einer konstanten Oberflächenpressung steht. Dies ist ja eine Beanspruchung, der eine Turbinenwelle ausgesetzt wird, da die Scheibe auf die Welle aufgeschrumpft wird (Einl., § 2), ein Nebenproblem, auf das wir im Rahmen der Scheibenberechnung Rücksicht nehmen müssen. In

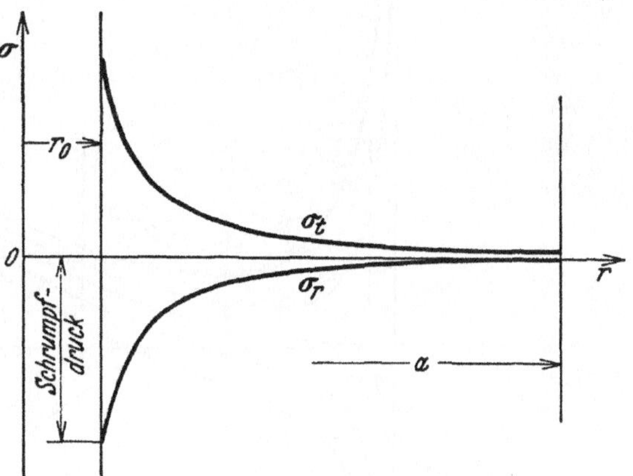

Abb. 10. Spannungsverteilung der Scheibe gleicher Dicke unter Schrumpfdruck.

einer hinreichenden Entfernung von den Grenzen des Belastungsgebietes muß der Deformations- und Spannungszustand von der der Achsenrichtung entsprechenden Koordinate unabhängig sein, wie bei einer „unendlich" langen Welle. Denkt man sich durch zwei benachbarte Normalschnitte aus einer solchen Welle eine dünne Scheibe herausgeschnitten, so ist der Spannungszustand dieser Scheibe durch das Gleichungssystem (32) gegeben. Dieser Lösung liegt allerdings, worauf wir später (6. Kap., § 2) noch zurückkommen werden, die in den einschlägigen technischen Berechnungen übliche Voraussetzung zugrunde, daß die in die Axialrichtung fallende Normalspannung gleich Null ist. Außerdem ist das betreffende Wellenstück nicht unendlich lang; daher gilt das System (32) im betrachteten Falle nur mit mehr oder weniger befriedigender Näherung. Auch diese Lösung wird im sechsten Kapitel noch benutzt werden.

Endlich sei noch bemerkt, daß das Gleichungssystem (30) für $\sigma = 0$ insbesondere auch den Fall eines dünnen frei rotierenden Ringes enthält.

Für einen solchen ist nämlich annähernd $r_0 = r = a$, daher ist in einem solchen Ringe

$$\sigma_r = 0 \qquad \sigma_t = \varrho\,\omega^2 a^2$$

Weitere Anwendungen der Theorie der Scheibe gleicher Dicke bieten die nun folgenden graphischen Verfahren zur Berechnung von Scheiben beliebigen Profils.

5. Das Verfahren von M. Donath. Der analytische Ausdruck jeder der beiden Spannungskomponenten σ_r und σ_t der rotierenden Scheibe enthält zwei willkürliche Konstanten (1. Kap., § 6). Dies findet sich

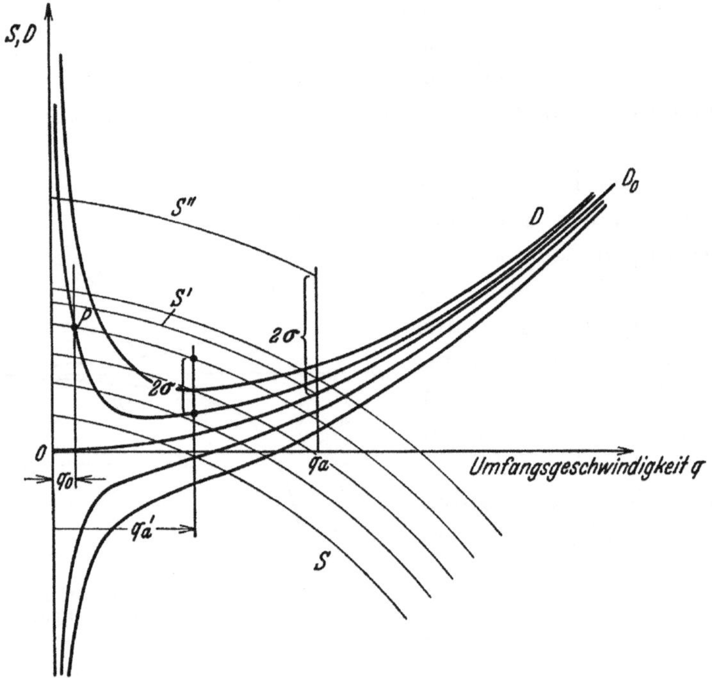

Abb. 11. Schema des Donathschen Kurvenblattes.

selbstverständlich auch in den Ausdrücken (28) bestätigt, die den Spannungszustand der Scheibe gleicher Dicke kennzeichnen. Schreibt man aber mit M. Donath[1] die Lösung (28) in der Form

$$\left.\begin{aligned}
S &= \sigma_t + \sigma_r = \tfrac{1}{2}\varrho\,(1+v)\,(-q^2 + K_1) \\
D &= \sigma_t - \sigma_r = \tfrac{1}{4}\varrho\,(1-v)\,(q^2 + K_2\,q^{-2})
\end{aligned}\right\} \tag{35}$$

worin

$$K_1 = \frac{4\,E\,A_1}{\varrho\,(1-v^2)} \qquad K_2 = \frac{8\,E\,\omega^2 A_2}{\varrho\,(1-v^2)}$$

während $q = r\omega$ die Umfangsgeschwindigkeit eines Scheibenpunktes ist, so hat man in (35) eine Darstellung des Spannungszustandes mit Hilfe von zwei Funktionsausdrücken S und D, von denen jeder aber nur

---

[1] Donath, M., Die Berechnung rotierender Scheiben und Ringe, 2. unveränderte Auflage. Berlin: Julius Springer 1929.

von einem willkürlichen Parameter, nämlich K_1 bzw. K_2, abhängig ist. Dies ergibt, zunächst für die Scheibe gleicher Dicke, die Möglichkeit einer Spannungsberechnung mit Hilfe zweier einander überdeckender ebener Kurvenscharen mit q als gemeinschaftliche Abszisse[1]. Abb. 11 gibt ein solches Kurvenblatt schematisch wieder.

Bei einer bestimmten mit gegebener Winkelgeschwindigkeit ω rotierenden Scheibe gleicher Dicke handelt es sich lediglich darum, das zugehörige individuelle Kurvenpaar S und D zu finden. Hat man dieses Kurvenpaar, so ist ja in jedem Punkte $\sigma_t = \frac{1}{2}(S + D)$, $\sigma_r = \frac{1}{2}(S - D)$. Die Individualisierung geschieht mit Hilfe der Randbedingungen. Haben wir es mit einer Vollscheibe zu tun, so sind für $r = 0$, oder also im Punkte $q = 0$ des Kurvenblattes, die Spannungen σ_r und σ_t einander gleich, daher ist dort $D = 0$: für eine Vollscheibe beliebigen Profils geht die D-Kurve vom Nullpunkt des Kurvenblattes aus. Wegen des Faktors q^{-2} muß dann ferner K_2 gleich Null sein; für alle Vollscheiben gleicher Dicke schrumpft die D-Kurvenschar zu einer einzigen Kurve OD_0 zusammen. Dem gegebenen Rande $r = a$ entspricht bei einem gegebenen ω eine bestimmte Umfangsgeschwindigkeit q_a. Die Gerade $q = q_a$ schneidet die Kurve OD_0 in einem Punkte, dessen Ordinate gleich dem entsprechenden Randwerte von D ist. Ist nun der Randwert von σ_r gleich Null, so ist nach (35) $S = D$ im Punkte $q = q_a$, d. h. die zugehörige S-Kurve geht durch den Schnittpunkt von OD_0 mit der Geraden $q = q_a$. Damit ist die zugehörige S-Kurve bestimmt; sie mag in Abb. 11 mit S' bezeichnet werden. Aus dem Kurvenpaar OD_0 und S' bestimmt sich die Spannungsverteilung wie oben angegeben. Verschwindet aber der Randwert von σ_r nicht, ist er vielmehr etwa gleich σ, so addiere man der Ordinate von $q = q_a$ die Größe $2\,\sigma$ im Ordinatenmaßstab des Kurvenblattes; dann hat man den Randwert von S und damit die zugehörige S-Kurve der Aufgabe (Kurve S'' der Abbildung), worauf wiederum die Spannungen ermittelt werden, wie oben angegeben.

Bei einer Scheibe gleicher Dicke mit Zentralbohrung verfährt man im Falle der Randbedingungen (29) wie folgt. Am Innenrande $r = r_0$ ist $q = q_0$ gegeben; da hier $\sigma_r = 0$ sein soll, so ist $S = D$ für $r = r_0$ bzw. $q = q_0$, d. h. die Kurven S und D des Kurvenpaares müssen sich auf der Ordinate des Innenrandes schneiden. Am Außenrande, d. h. für $r = a$, $q = q_a$, muß σ_r einen gegebenen Wert σ annehmen; infolgedessen muß die Ordinate der S-Kurve in $q = q'_a$ um $2\,\sigma$ größer sein, als die Ordinate der D-Kurve im gleichen Punkte. Demnach hat man auf der Ordinate des Innenrandes $q = q_0$ so lange zu wandern, bis man darauf einen Punkt P von der Beschaffenheit findet, daß das von ihm ausgehende Kurvenpaar auf der Endordinate $q = q'_a$ die gewünschte Strecke $2\,\sigma$ ausschneidet (Abb. 11).

---

[1] Donath, M., a. a. O.

Bei einer Scheibe beliebigen Profils wird die Aufgabe nach Abb. 12 auf die Berechnung einer Scheibe zurückgeführt, die aus einer Anzahl von Ringen gleicher Dicke zusammengesetzt ist. Falls diese Ersatzscheibe die wirkliche Scheibe mit hinreichender Näherung wiedergibt, so ist die Spannungsverteilung in den beiden Scheiben aus Stetigkeitsgründen annähernd die gleiche, falls die Randbedingungen dieselben sind. Die Berechnung einer derartigen Ersatzscheibe unterscheidet sich von der einer Scheibe gleicher Dicke dadurch, daß das zugehörige Kurvenpaar

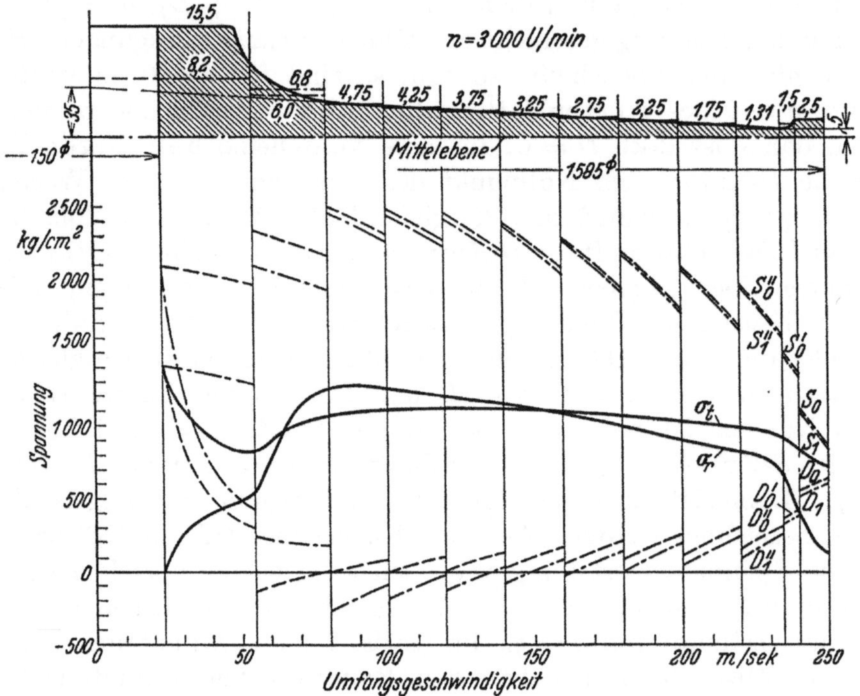

Abb. 12. Scheibenentwurf mit Hilfe des Donathschen Verfahrens. (Nach M. Donath, Berechnung rotierender Scheiben und Ringe, 2. Aufl. Berlin: Julius Springer 1922.)

des Kurvenblattes von Ring zu Ring wechselt. Danach muß zunächst bestimmt werden, wie die entsprechenden Sprünge der Kurven zu ermitteln sind.

Den Wert, den eine Größe nach erfolgtem Sprung annimmt, wollen wir durch einen Strich kennzeichnen. Eine Gefahr der Verwechslung mit Differentiationen liegt hier nicht vor. Da unsere Spannungsberechnung eine Rechnung mit Spannungsmittelwerten ist, so ist der Sprung von σ_r auf σ_r' an der Stoßstelle zweier Ringe von der Dicke $2z$ bzw. $2z'$ offenbar durch die Beziehung

$$z\,\sigma_r = z'\,\sigma_r' \quad \text{oder} \quad \varDelta\,\sigma_r = \sigma_r - \sigma_r' = \sigma_r\left(1 - \frac{z}{z'}\right)$$

gegeben, wobei also $\varDelta$ allgemein den Sprung der betreffenden Größe bezeichnen soll. Den zugehörigen Sprung der Spannungskomponente σ_t

berechnet man mit Grammel[1] am einfachsten wie folgt. Nach (19a) ist

$$\sigma_t - \nu\,\sigma_r = E\,\frac{u}{r}. \tag{35'}$$

Da an der Stoßstelle nicht nur r für beide Ringe gleiche Größe hat, sondern im Rahmen unserer Mittelwertrechnung auch u mit guter Näherung stetig bleibt, wie aus der Mittelwertsdefinition von u auf beiden Seiten physikalisch zu schließen ist, so muß die Beziehung gelten

$$\sigma_t - \nu\,\sigma_r = \sigma_t' - \nu\,\sigma_r' \quad \text{oder} \quad \varDelta\,\sigma_t = \nu\varDelta\,\sigma_r. \tag{36}$$

Daraus folgt aber

$$\left.\begin{aligned}
\varDelta\,S &= \varDelta\,(\sigma_t + \sigma_r) = \varDelta\,\sigma_t + \varDelta\,\sigma_r = (1+\nu)\left(1 - \frac{z}{z'}\right)\sigma_r \\
\varDelta\,D &= \varDelta\,(\sigma_t - \sigma_r) = \varDelta\,\sigma_t - \varDelta\,\sigma_r = -(1-\nu)\left(1 - \frac{z}{z'}\right)\sigma_r.
\end{aligned}\right\} \tag{37}$$

Damit sind die gesuchten Sprunggrößen ermittelt. Die praktische Durchführung der Rechnung möge durch das nachstehende der Donathschen Schrift entnommene Beispiel an Hand der bereits erwähnten Abb. 12 erläutert werden.

Diese Abbildung stellt den Entwurf einer Scheibe von 159,5 cm Außendurchmesser und 15 cm Bohrung für $n = 3000$ Umdrehungen pro Minute dar. Für das Profil ist danach im wesentlichen ein Trapez angesetzt, dessen eine Basis (bei $q = 0$) die Länge 7,0 cm und die andere (bei $q = 250$ m/sec) die Länge 1,0 cm hat; an der Bohrung und am Kranz treten Verstärkungen hinzu; die Nabenlänge soll nach Maßgabe der zulässigen Tangentialspannung (bei verschwindender Radialspannung) am Bohrrande ermittelt werden. Der Randwert der Radialspannung am Kranze, hervorgerufen durch die Fliehkräfte der Schaufelung, ist gleich 120 kg/cm².

Die sprungweise veränderliche Dicke der Ersatzscheibe ist in der Abbildung in Zentimetern eingetragen. Geht man nun vom Kranz aus und nimmt am äußeren Rande probeweise $\sigma_t = 750$ kg/cm² an, so hat man dort $S = 750 + 120 = 870$ kg/cm² und $D = 750 - 120 = 630$ kg/cm² für den ersten Scheibenring. Damit erhält man die (oberen) Kurvenstücke S_0 und D_0 der Abb. 12 nach dem Donathschen Kurvenblatt, und diese ergeben ihrerseits $\sigma_r = 285$ kg/cm² für den Punkt $q = 240$ m/sec. Jetzt erhält man durch Multiplikation mit $1 - z/z' = 1 - 2,5/1,5 = -0,667$ den Sprung $\varDelta\,\sigma_r = -0,667 \cdot 285 = -190$ kg/cm². Nach (37) folgen nun die Sprünge $\varDelta S$ und $\varDelta D$, also auch die Kurven S_0' und D_0' für den zweiten Scheibenring, usw. Setzt man die Rechnung in angegebener Weise bis zur Bohrung fort, so erhält man schließlich $\sigma_t = 2110$ kg/cm² am Innenrande, wenn man die zugehörige Scheibendicke so wählt, daß σ_r am Bohrrande verschwindet. Da eine Tangentialspannung von der angegebenen Größe für die verwendete Stahlsorte

---

[1] Grammel, R., Ein neues Verfahren zur Berechnung rotierender Scheiben. Dinglers polytechn. J. 1923 S. 217.

nicht zugelassen werden kann, so wird die Rechnung mit $\sigma_t = 725$ kg/cm² am Außenrande wiederholt. Die zugehörigen (unteren) Kurven S und D sind in der Abbildung mit dem Index 1 versehen. Bei dieser zweiten Rechnung kommt man auf eine Scheibe mit verstärkter Nabe und einer Tangentialspannung von 1420 kg/cm² am Bohrrande. Die Kurven der Spannungsverteilung werden erhalten, indem man an den Stoßstellen der Ringe die den Sprunggrößen entsprechenden Spannungsmittelwerte bildet und die so entstandenen Punkte miteinander verbindet. Für die mit dem Index 1 versehenen Kurvenstücke ergibt sich so das in der Abb. 12 angegebene Kurvenpaar σ_r, σ_t der Spannungsverteilung.

Was nun diese Spannungsverteilung als solche betrifft, so fällt hier wiederum eine sehr gute Materialausnutzung auf. In der Umgebung der Nabe ist die Profilkurve allerdings so steil, daß hier die Stodolaschen Differentialgleichungen wohl nicht mehr sehr genau gelten können.

Bemerkenswert ist, daß das eben beschriebene Verfahren zur Berechnung ruhender Scheiben nicht verwendet werden kann. Bei einer solchen treten nämlich an Stelle der Gleichungen (35) die beiden folgenden:

$$\left. \begin{array}{l} S = K_1' \\[2mm] D = \dfrac{K_2'}{r^2} \end{array} \right\} \tag{38}$$

worin K_1' und K_2' wiederum konstante Parameter sind. Diese zwei Kurvenscharen (38) sind im Donathschen Kurvenblatt natürlich nicht enthalten. Damit ist in diesem Verfahren eine gewisse Lücke gekennzeichnet, die bei der Berechnung einer vorgegebenen rotierenden Scheibe fühlbar wird, wie wir sehen werden. Frei von diesem Nachteil ist das im nächsten Paragraphen beschriebene graphischen Verfahren von Grammel.

Sonst muß aber noch bemerkt werden, daß das Donathsche Verfahren in der Praxis auch für allgemeinere Fälle der Scheibenbeanspruchung verwendet wird[1].

Wie Grammel hervorhebt[2], könnte das bei diesem Verfahren benutzte Kurvenblatt in erheblich einfacherer Gestalt erhalten werden, wenn q^2 statt q als Abszisse benutzt worden wäre. Dann wären die S-Kurven gerade Linien und die D-Kurven Hyperbeln geworden.

6. Das Verfahren von Grammel. Bei dem von Grammel angegebenen graphischen Verfahren[3] werden zur Durchführung der Spannungsberechnung nur gerade Linien verwendet. Irgendwelche vorgezeichnete Kurvenblätter werden überhaupt nicht benötigt. Gegenüber den bereits besprochenen Verfahren bietet es den Vorteil großer Einfachheit, und man

---

[1] Siehe A. Stodola, Dampf- und Gas-Turbinen, 1922 S. 338.
[2] Grammel, R., a. a. O. S. 218.
[3] Grammel, R., a. a. O. S. 217.

darf es in gewissem Sinne als einen Abschluß der graphischen Methoden der Scheibenberechnung bezeichnen[1].

Auch bei diesem Verfahren bilden die Gleichungen (28) der Scheibe gleicher Dicke den Ausgangspunkt. Unter Benutzung von (27) kann dieses Gleichungspaar in der Form

$$s = \frac{1}{8}(3 + \nu)\,\varrho\,\omega^2 r^2 + \sigma_r = A + \frac{B}{r^2} \left.\right\}$$
$$t = \frac{1}{8}(1 + 3\nu)\varrho\,\omega^2 r^2 + \sigma_t = A - \frac{B}{r^2} \quad (39)$$

worin A und B willkürliche Konstanten sind, geschrieben werden. Nach Einführung von

$$v = 1 : r^2$$

lautet das Gleichungspaar (39)

$$s = A + Bv \left.\right\}$$
$$t = A - Bv \quad (40)$$

Sind bei einer Scheibe gleicher Dicke beispielsweise die Randwerte von σ_r für $r = r_0$ und $r = a$ gegeben, so kennt man nach (39) auch die entsprechenden Randwerte von s. Sie mögen mit s_0 bzw. s_a bezeichnet werden. Dann hat man im Diagramm Abb. 13 die Punkte $v_0 = 1 : r_0^2$, s_0 und $v_a = 1 : a^2$, s_a. Hierauf ergibt die in der Abbildung angegebene Konstruktion die Werte von s und t in jedem Scheibenpunkte v; denn nach (40) sind s und t zwei in bezug auf die Wagerechte $s = t = A$ symmetrische gerade Linien, die sich in $v = 0$ schneiden. Sind aber die Funktionen s und t bekannt, so sind damit nach (39) auch σ_r und σ_t vollständig gegeben.

Bei einer Scheibe beliebigen Profils hat man das letztere durch das bereits im Donathschen Verfahren benutzte treppenförmige Näherungs-

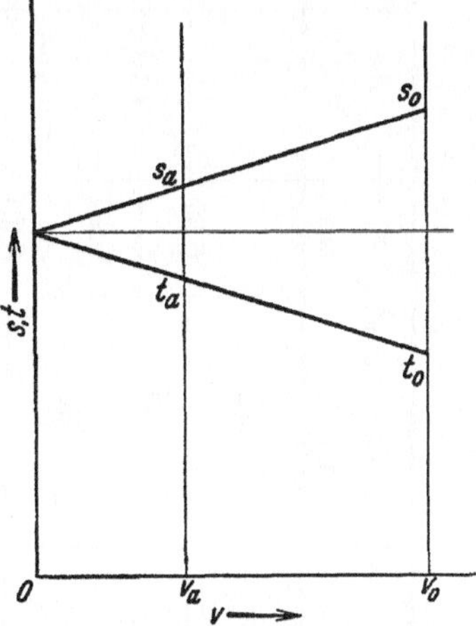

Abb. 13. Rechenschema zum Grammelschen Verfahren.

profil zu ersetzen und die allgemeinen Ausdrücke für die Sprünge von s und t zu ermitteln. Da sich r an der Sprungstelle nicht ändert, so haben wir nach (39) unter Benutzung der oben gegebenen Formeln für $\Delta\sigma_r$ und $\Delta\sigma_t$ und mit Rücksicht auf $z = z' + \Delta z$

$$\Delta s = -\frac{\Delta z}{z - \Delta z}\,\sigma_r \left.\right\}$$
$$\Delta t = -\nu\,\frac{\Delta z}{z - \Delta z}\,\sigma_r. \quad (41)$$

Damit sind alle Formeln gegeben, die zur Ermittlung der Spannungsverteilung in einer Scheibe beliebigen Profils notwendig sind. Das weitere geht am besten aus einem Beispiel hervor.

---

[1] Vgl. auch A. Stodola, Nachtrag, Berlin 1924 S. 14.

Tabelle 4.

Quer-schnitt	r cm	r^2 cm²	$10^4 v$ cm⁻²	$\frac{1}{8}\varrho(3+v)\omega^2 r^2$ kg/cm²	$\frac{1}{8}\varrho(1+3v)\omega^2 r^2$ kg/cm²	z cm	$-\dfrac{\Delta z}{z-\Delta z}$	σ_r kg/cm²	Δs kg/cm²	Δt kg/cm²	σ_t kg/cm²	σ_r^* kg/cm²	σ_t^* kg/cm²
1	47,85	2290	4,37	1550	893			930 (0)			1587 (200)	930 [930]	1687 [1725]
						5,37							
2	43,50	1890	5,30	1280	736		—0,167	1200 (—21)	—200 (3,5)	—60 (1,0)	1744 (221)	1083 [1100]	1940 [1870]
						6,45							
3	34,55	1190	8,40	805	464		—0,222	1435 (—88)	—318 (19,5)	—95 (6,0)	1996 (292)	1200 [1200]	2230 [2160]
						8,30							
4	26,35	694	14,40	470	270		—0,224	1294 (—199)	—290 (45)	—87 (14)	2252 (429)	980 [965]	2623 [2550]
						10,70							
5	18,85	355	28,20	240	138		—0,141	770 (—438)	—109 (62)	—33 (19)	2762 (728)	327 [327]	3450 [3340]
						12,45							
6	16,90	286	35,00	193	112			471 (—515)			2992 (885)	—20 [—20]	3840 [3730]

Hierzu wählen wir (s. Abb. 14, 15) eine Scheibe, deren Spannungsverteilung später (im 5. Kapitel) auf analytischem Wege berechnet werden wird. Die Hauptmaße sind in der Zeichnung eingetragen, die Profilkurve ist durch

$$z = \alpha e^{-\beta r^{2/3}}$$

gegeben, worin α und β Konstanten sind. Die Dicken der einzelnen Ringe, aus denen sich die Ersatzscheibe zusammensetzt, ebenso wie die den Stoßstellen entsprechenden Radien, sind im Rechenschema der Tabelle 4 angegeben, das die Rechnung schrittweise begleitet. Der Berechnung wird eine Tourenzahl $n = 4320$ pro Minute zugrunde gelegt; bei dieser Tourenzahl soll der Radialzug am Außenrande 930 kg/cm², der am Innenrande —20 kg/cm² gleich sein; ferner ist $\varrho = 8 \cdot 10^{-6}$ kgsec²cm⁻⁴.

Die ersten acht Spalten der Tabelle brauchen keine Erläuterung. In den nächsten vier Spalten sind die eingeklammerten Zahlen zunächst fortgelassen zu denken.

Im Querschnitt 1 muß die Tangentialspannung, wie im vorangehenden Paragraphen, wiederum willkürlich angenommen werden. Wir nehmen sie zweckmäßig so an, daß für den ersten Ring $s = t$ wird, d.h., daß diese beiden Funktionen in eine einzige wagerechte Gerade zusammenfallen. Danach ist also für den ersten Ring

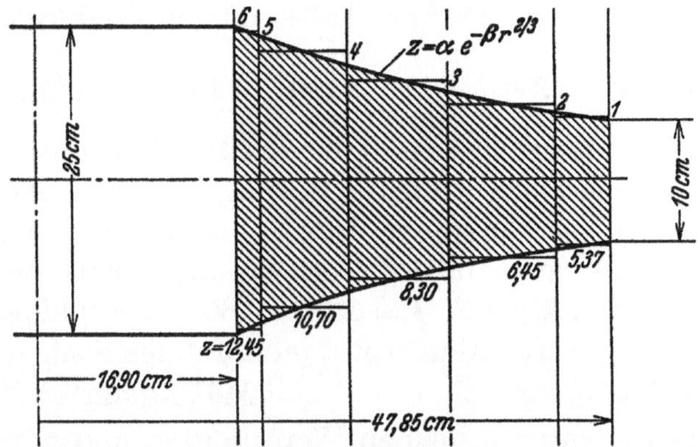

Abb. 14. Zur Scheibenberechnung nach Grammel.

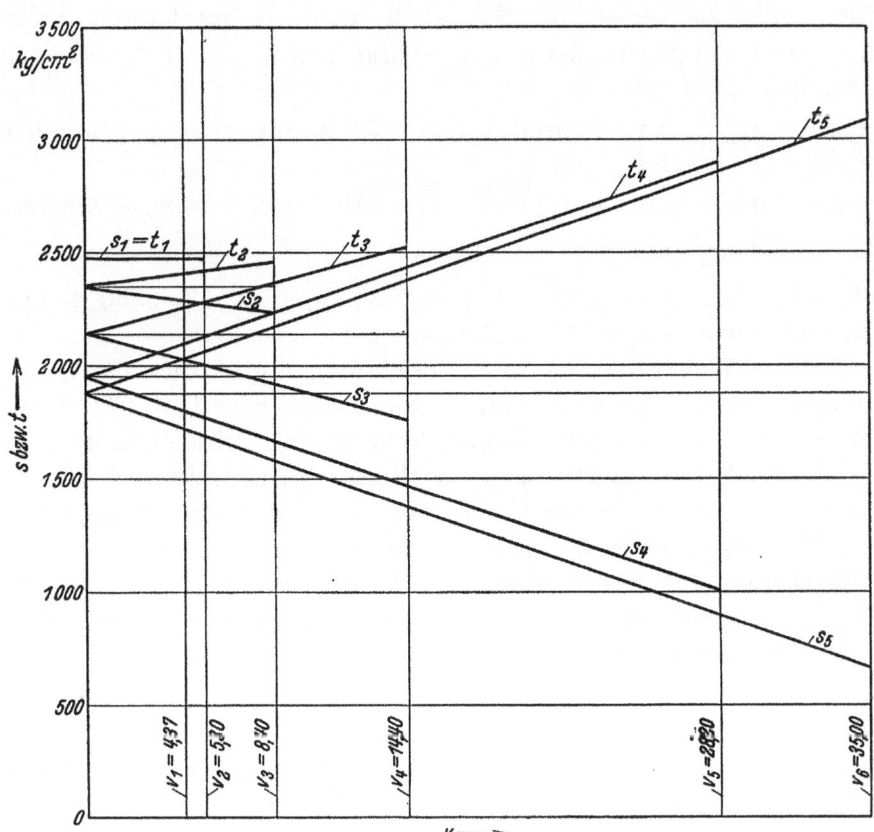

Abb. 15. Graphische Scheibenberechnung nach Grammel.

$$s = 930 + 1550 = 2480 \text{ kg/cm}^2.$$
$$t = 1587 + 893 = 2480 \text{ kg/cm}^2.$$

Damit ist aber $s = t = 2480 \text{ kg/cm}^2$ auch für $v = v_2 = 10^{-4} \cdot 5{,}30$ (Abb. 15). Folglich ist im Querschnitt 2

$$\sigma_r = s - \frac{1}{8}(3 + v)\,\varrho\,\omega^2 r^2 = 2480 - 1280 = 1200\ \text{kg/cm}^2.$$

$$\sigma_t = t - \frac{1}{8}(1 + 3v)\,\varrho\,\omega^2 r^2 = 2480 - 736 = 1744\ \text{kg/cm}^2.$$

Diese Spannungsbeträge erscheinen in der zweiten Zeile unserer Tabelle 4. Aus ihnen lassen sich nach (41) die Sprünge $\varDelta s$ und $\varDelta t$ berechnen; diese ergeben sich zu — 200 kg/cm² bzw. — 60 kg/cm². Auf der Senkrechten $v = v_2$ erhält man mit diesen Sprunggrößen die Ordinaten $s = 2480 - 200 = 2280$ kg/cm², $t = 2480 - 60 = 2420$ kg/cm². Die in Abb. 13 angegebene Konstruktion ergibt jetzt auf der Senkrechten $v = v_3$

$$s = 2239\ \text{kg/cm}^2 \qquad t = 2461\ \text{kg/cm}^2,$$

woraus wiederum die entsprechenden Werte von σ_r und σ_t zu berechnen sind, usw.

Es empfiehlt sich, die durch die Abb. 15 veranschaulichte Rechnung stets zahlenmäßig zu verfolgen. So haben wir z. B. im letzten Falle

Ordinate des Schnittpunktes von s und t auf $v = 0$, $\bar{s} = \bar{t} = \frac{1}{2}$ (2280 + 2420) = 2350 kg/cm².

Differenz von s bzw. t und $\bar{s} = \bar{t} = 2350$ auf $v = v_2$ gemessen 2350 — 2280 = 70 kg/cm².

Differenz von s bzw. t und $\bar{s} = \bar{t} = 2350$ auf $v = v_3$ gemessen $\pm\, 70\,\dfrac{8{,}40}{5{,}30} = \pm\, 111$ kg/cm².

Damit ist also $s = 2350 - 111 = 2239$ kg/cm², $t = 2350 + 111 = 2461$ kg/cm² auf $v = v_3$ wie oben angegeben.

Die auf diese Weise durchgeführte Rechnung ergibt für den Querschnitt 6 eine Radialspannung vom Betrage 471 kg/cm², während sie dort — 20 kg/cm² betragen soll. Damit kommt eine Schwierigkeit zum Vorschein, die auch für das Donathsche Verfahren charakteristisch ist. Im Rahmen des Grammelschen Verfahrens läßt sich diese Schwierigkeit jedoch auf dem folgenden von v. Mises angegebenen Wege [1] überwinden.

Man überlagere der ersten oben berechneten Spannungsverteilung, deren Ergebnis allgemein mit σ_{r1}, σ_{t1} bezeichnet werden möge, eine zweite, gekennzeichnet durch $\omega = 0$ und die Randbedingungen

$$\left.\begin{array}{l} \sigma_r = 0 \\ \sigma_t = \sigma_a \end{array}\right\}\ \text{für}\ \ r = a\,,$$

worin σ_a eine willkürlich gewählte konstante Spannung ist. Bei dieser Zusatzbelastung muß ω gleich Null angenommen werden, da ja das der Größe ω^2 entsprechende partikuläre Integral keine willkürlichen Konstanten enthält und beim ersten Rechnungsgang bereits verwendet wurde. Ist nun das Ergebnis der Zusatzbelastung eine gewisse Spannungsverteilung σ_{r2}, σ_{t2}, und ist ferner k eine willkürliche Konstante, so ist auch

$$\sigma_r = \sigma_{r1} + k\,\sigma_{r2} \qquad\qquad \sigma_t = \sigma_{t1} + k\,\sigma_{t2} \tag{42}$$

----

[1] Vgl. A. Stodola, Dampf- und Gas-Turbinen, 1922 S. 336, sowie A. Stodola, Nachtrag, 1924 S. 14.

eine Lösung. Über die Konstante k verfügen wir derart, daß auch die zweite Randbedingung erfüllt wird; die erste ist ja dadurch befriedigt, daß σ_{r2} für $r = a$ verschwindet, so daß σ_r dort denselben Wert wie σ_{r1}, also den vorgeschriebenen Randwert hat. Verlangt die zweite Randbedingung, daß $\sigma_r = -p$ für $r = r_0$ wird, so hat man nach (42)

$$k = -\frac{p + \sigma_{r_0 1}}{\sigma_{r_0 2}}.$$

Mit diesem Werte von k ergibt (42) eine Spannungsverteilung, die den Randbedingungen genügt.

In unserem obigen speziellen Beispiele führen wir nun eine Zusatzbelastung, gekennzeichnet durch $\omega = 0$ und die Randbedingungen

$$\left.\begin{array}{l} \sigma_r = 0 \\ \sigma_t = 200 \text{ kg/cm}^2 \end{array}\right\} \text{ für } r = a$$

ein. Die damit durchgeführte Rechnung ist in den Spalten 9—12 der Tabelle 4 durch die eingeklammerten Zahlen wiedergegeben. Der Zahlenfaktor k ist hier

$$k = \frac{471 + 20}{515} = 0{,}953.$$

Die den wirklichen Randbedingungen entsprechende Spannungsverteilung ist danach laut obigem (§ 5 dieses Kapitels) durch die Formeln

$$\left.\begin{array}{l} \sigma_r^* = \sigma_r + \tfrac{1}{2}\Delta s + k\left[\sigma_r' + \tfrac{1}{2}\Delta s'\right] \\ \sigma_t^* = \sigma_t + \tfrac{1}{2}\Delta t + k\left[\sigma_t' + \tfrac{1}{2}\Delta t'\right] \end{array}\right\} \tag{43}$$

dargestellt, worin die gestrichenen Größen der v. Misesschen Zusatzbelastung entsprechen. Diese Spannungsverteilung (43) ist in den letzten zwei Spalten der Tabelle angegeben. Die in den eckigen Klammern angeführten Werte dagegen geben die Spannungsverteilung wieder, auf die die analytische Berechnung führt (s. 5. Kapitel). Man ersieht daraus, daß sich die Unterschiede der einander entsprechenden Spannungswerte in der Höhe von höchstens etwa 3% der zugehörigen analytisch erhaltenen Spannungsbeträge bewegen. Die Übereinstimmung ist somit eine vorzügliche. Allerdings ist das Profil insofern ein günstiges, als die Neigung der Profilkurve überall eine sanfte ist. Doch ist dies überhaupt eine Bedingung dafür, daß die Stodolaschen Gleichungen mit hinreichender Genauigkeit gelten sollen.

Wir schalten hier die Bemerkung ein, daß, wenn man unter teilweise Benutzung der Zahlentabelle 4 die Berechnung für ein geradliniges Profil zwischen denselben Randpunkten durchführt, eine nur unwesentlich abweichende Spannungsverteilung erhalten wird, dem geringen Profilunterschied entsprechend.

Das obige Beispiel bringt die Handlichkeit und Leistungsfähigkeit des Grammelschen Verfahrens deutlich zum Vorschein. Gegenüber dem Donathschen Verfahren fällt bei ihm insbesondere auch die Möglichkeit auf, die Spannungsberechnung auch bei der ruhenden ($\omega = 0$)

Scheibe durchzuführen. Damit eignet sich das **Grammel**sche Verfahren sowohl für Entwurfszwecke, als auch zur Spannungsberechnung bei einer beliebig vorgegebenen rotierenden Scheibe.

Drittes Kapitel.

Allgemeinere analytische Lösungen und Lösungsverfahren.

1. Vorbemerkungen. Die im vorangehenden Kapitel an sich und in ihrer Beziehung zu den graphischen Lösungsverfahren der Praxis erörterten Grundlösungen sind sehr spezielle analytische Lösungen des Problems der rotierenden Scheibe. In diesem Kapitel dagegen werden wir uns mit analytischen Lösungen befassen, die gegenüber den in der Technik benutzten Lösungen in dem einen oder dem anderen Sinne von allgemeinerer Natur sind. Unter diesen werden wir denjenigen Lösungsverfahren besondere Aufmerksamkeit schenken, die ebenso wie die Grundlösungen zu den praktisch wertvollen Lösungen der Technik in direkter Beziehung stehen. Dementsprechend beginnen wir mit einer Erörterung der Scheiben gleicher Festigkeit im allgemeineren Sinne des Wortes und gehen dann zu einer ausführlicheren Besprechung des **Ritz**schen Verfahrens in seiner Anwendung auf das Scheibenproblem über; hierauf wird die Integration durch Reihen und in diesem Zusammenhange eine sehr allgemeine Profilklasse eingehend behandelt, die die **Stodola**sche Differentialgleichung für die Radialverschiebung in die sog. hypergeometrische Differentialgleichung überführt und damit sehr umfassende analytische Lösungen liefert. Im Schlußparagraphen werden die Beziehungen der allgemeineren zu den spezielleren analytischen Lösungen, die den Gegenstand der beiden folgenden Kapitel bilden, näher untersucht.

2. Das verallgemeinerte Problem der Scheibe gleicher Festigkeit. Die Beurteilung der Festigkeit nach Maßgabe der größten in einem Punkte auftretenden Schubspannung (1. Kapitel, § 7) kann nach den bis jetzt vorliegenden Erfahrungen als eine praktisch zuverlässige Grundlage angesehen werden. Trotzdem aber diese Festigkeitstheorie alle anderen Anschauungen über das Festigkeitsmaß wenigstens bei dem hier behandelten Problem so gut wie verdrängt hat, können die letzteren doch nicht als aus der Welt vollständig weggeschafft betrachtet werden. Macht man sie zum Ausgangspunkt neuer Scheibenkonstruktionen mit der Forderung durchweg gleichen Widerstandes den Fliehkräften gegenüber, so gelangt man zu Lösungen, über die hier kurz berichtet werden soll[1].

Was zunächst die erwähnten abweichenden Festigkeitskriterien selbst betrifft, so lassen sich diese wie folgt formulieren[2]:

---

[1] Siehe hierzu den Beitrag von A. **Basch** und A. **Leon** in den Sitzungsberichten der Wiener Akademie der Wiss. Bd. 116 (1907) Abt. II a.

[2] Vgl. hierzu Enz. d. mathem. Wiss. Bd. 4/4 Art. 27 (Th. v. **Kármán**) S. 316.

1. Die Bruchgefahr ist bestimmt durch die größte in einem Punkte auftretende Dehnung (Poncelet, Grashof).

2. Die Bruchgefahr ist bestimmt durch die größte in einem Punkte auftretende Zugspannung (Lamé).

3. Die Bruchgefahr ist bestimmt durch die auf die Raumeinheit bezogene Formänderungsarbeit in einem Punkte (Beltrami).

Beispielsweise drückt sich die Forderung des gleichen Fliehkraftwiderstandes bei der ersten Auffassung, falls die Tangentialdehnung die größte Dehnung sein soll, durch die Beziehung

$$\text{Tangentialdehnung} = \frac{u}{r} = \text{konst.} = K \tag{44}$$

in Verbindung mit der bereits erfüllten Nebenbedingung

$$\text{Radialdehnung} = \frac{du}{dr} < K \tag{45}$$

aus. Diese beiden Beziehungen sind bei der Scheibe gleicher Festigkeit im engeren Sinne (2. Kapitel, § 2) erfüllt. Die beiden Kriterien, nämlich das der größten Schubspannung und dasjenige der größten Dehnung, falls diese die Tangentialdehnung ist, führen hier also auf ein und dasselbe Profil.

Allgemein tritt an Stelle von (44) eine Beziehung von der Form

$$f\left(r, u, \frac{du}{dr}\right) = K \tag{46}$$

worin f eine gewisse Funktion ist, die das Festigkeitsmaß zum Ausdruck bringt. Wird u aus (46) bestimmt und in die Differentialgleichung des Problems eingeführt, so erhält man die Gleichung der entsprechenden Profilkurve. Mit dem Profil (und der Nebenbedingung) lassen sich dann auch die allgemeinen Spannungsausdrücke ermitteln, wie dies an entsprechender Stelle im 2. Kapitel für die erste Grundlösung angedeutet wurde.

Nach diesem Schema führt das erste der drei oben angeführten Kriterien, wie wir eben gesehen haben, auf die erste Grundlösung des 2. Kapitels, falls die Tangentialdehnung den Ausgangspunkt bildet[1].

Nicht triviale Beispiele ergeben sich aus der Anwendung des zweiten Festigkeitskriteriums. Danach muß

$$\sigma_t = \sigma \qquad\qquad \sigma_r < \sigma \tag{47}$$

verlangt werden, falls σ konstant und σ_t zur größten Zugspannung gewählt wird. Aus der zweiten der Gleichungen (19a) erhalten wir

$$u = C r^{-1/\nu} + \frac{\sigma}{E}(1 - \nu) r$$

worin C eine Integrationskonstante ist. Damit ist nach der ersten der Gleichungen (19a)

$$\sigma_r = \sigma - \frac{EC}{\nu} r^{-(1 + 1/\nu)} ,$$

---

[1] Von der Radialdehnung ausgehend, gelangen die Verfasser des in der vorletzten Anmerkung zitierten Artikels zu einer imaginären Lösung.

wonach C wegen (47) positiv sein muß. Durch Integration erhalten wir nun aus (15a) die Profilkurve[1]

$$ln z = -\frac{1}{\nu} \int \frac{\frac{\nu^2 \varrho \omega^2}{E C} r^{3 + 1/\nu} + 1}{\frac{\nu \sigma}{E C} r^{1 + 1/\nu} - 1} \frac{dr}{r}. \tag{48}$$

Dieses Profil ist nun laut obigem in die Differentialgleichung (21) oder (22) einzuführen; erst an Hand der damit zu ermittelnden allgemeinen Integrale für die Spannungen kann man dann die Realisierungsmöglichkeiten der Forderung der gleichen Festigkeit diskutieren[2]. Wichtig ist hierbei die Art der Verwirklichung der vorzuschreibenden Randbedingungen. Bezüglich dieser Frage beschränken wir uns hier auf die folgende Bemerkung. Versieht man die Scheibe des Profils (48) mit einer Zentralbohrung, deren Radius r_0 nach den letzten Formeln durch das Verschwinden der Radialspannung σ_r an der Stelle $r = r_0$ bestimmt wird, so wird die Scheibenstärke an dieser Stelle unendlich groß. In der Umgebung der Bohrung wird also eine erhebliche Modifikation der Lösung, wie sie oben gegeben ist, erforderlich sein.

Sehr ähnliche Resultate ergeben sich aus der Annahme, daß die Radialspannung die größte Hauptspannung ist.

Beim dritten der oben angeführten Festigkeitskriterien geht die Beziehung (46) in die Forderung der Konstanz der im nächsten Paragraphen kurz abgeleiteten Funktion $\mathfrak{A}_1$ über. Man gelangt hierbei zu keinen geschlossenen Lösungen.

Dieser kurze Bericht über das Wesen der in Frage stehenden Lösungen möge hier genügen. In der technischen Praxis scheinen sie, bisher wenigstens, keine erhebliche Verwendung gefunden zu haben. Doch darf man an ihnen nicht achtlos vorübergehen.

3. Anwendung des Ritzschen Verfahrens auf das Problem der rotierenden Scheibe. Aus Gründen, die wir gleich kennenlernen werden, erfreut sich das Ritzsche Verfahren bei der Behandlung elastischer Probleme einer hohen Beliebtheit in den Ingenieurkreisen. Die Anwendung dieses Verfahrens auf das Scheibenproblem rührt von T. Poeschl her[3]. Das Wesen des Verfahrens läßt sich kurz wie folgt charakterisieren.

Ein elastisches System möge unter der Einwirkung gegebener Kräfte im Gleichgewichtszustande verharren. Die Verschiebungen, die das System gegenüber dem spannungslosen Zustand erleidet, erfüllen gewisse Randbedingungen. Die eine Möglichkeit, diese Verschiebungen und die ihnen entsprechenden Spannungen zu berechnen, liegt in der Auflösung der Differentialgleichungen des elastischen Problems unter Berücksichtigung der Randbedingungen. Eine andere Möglichkeit ergibt sich aus

---

[1] Vgl. hierzu den Beitrag von M. Gruebler in der Z. VDI 1905.

[2] Vgl. hierzu auch den Beitrag von A. Fischer in der Z. öst. Ing.- u. Arch.-Ver. 1922 S. 46.

[3] Pöschl, T., Z. ges. Turbinenwesen 1913.

der Eigenschaft, daß die in der Natur wirklich eintretenden Verschiebungen gegenüber allen anderen geometrisch möglichen und mit den Randbedingungen verträglichen Verschiebungen den kleinsten Wert der gesamten potentiellen Energie des in Frage stehenden Systems aufweisen. Auf dieser Eigenschaft gründet Ritz den Versuch mit Hilfe geeigneter Ansätze für die Verschiebung das häufig komplizierte Hantieren mit Differentialgleichungen auf elementare numerische Rechnungen zurückzuführen[1].

Der Fall der rotierenden Scheibe wird auf ein Gleichgewichtsproblem zurückgeführt, indem die Trägheitswiderstände als Massenkräfte betrachtet werden.

Demzufolge ist die potentielle Energie der rotierenden Scheibe gleich ihrer Formänderungsenergie vermindert um die Arbeit der Fliehkräfte. Die beiden Energiebeträge sind nämlich dem Vorzeichen nach einander entgegengesetzt: denkt man sich die Winkelgeschwindigkeit unendlich langsam, also auf dem Wege über lauter Gleichgewichtszustände, anwachsend, so sieht man ein, daß die Fliehkräfte Arbeit leisten, während die Formänderungsarbeit geleistet werden muß; bei der unendlich langsamen Rückkehr zum spannungslosen Zustand wird die Spannungsenergie wieder frei, die Fliehkraftarbeit dagegen muß geleistet werden.

Die Durchführung des Verfahrens soll hier im wesentlichen besprochen werden. Zu diesem Zweck beginnen wir mit der Berechnung der beiden genannten Energiebeträge.

Die Formänderungsenergie pro Raumeinheit läßt sich sehr einfach wie folgt berechnen. Man betrachte ein Scheibenelement, dessen (annähernd) in die Hauptrichtungen fallenden Kanten die Längen dr, $r\,d\vartheta$, $2\,z$ haben mögen. Die Arbeit der Radialspannung an diesem Element ist beim angegebenen unendlich langsamen Anwachsen der Spannungen und Verschiebungen gleich

$$\tfrac{1}{2}\sigma_r 2z \cdot r\,d\vartheta\,\frac{du}{dr}\,dr = \tfrac{1}{2}\sigma_r\,\frac{du}{dr}\,dv\,,$$

worin

$$dv = 2zr\,d\vartheta\,dr\,.$$

Die Arbeit der Tangentialspannung an diesem Elemente ist entsprechenderweise gleich

$$\tfrac{1}{2}\sigma_t \cdot 2z\,dr \cdot r\,d\vartheta \cdot \frac{u}{r} = \tfrac{1}{2}\sigma_t\,\frac{u}{r}\,dv\,.$$

Also ist die Formänderungsarbeit pro Raumeinheit gleich

$$\mathfrak{A}_1 = \frac{1}{2}\left[\sigma_r\,\frac{du}{dr} + \sigma_t\,\frac{u}{r}\right].$$

Drückt man hierin σ_r und σ_t auf Grund der Gleichungen (19a) durch die Verschiebung aus, so folgt nach Multiplikation mit dv und Integration von $r = 0$ bis $r = a$ für die halbe Scheibendicke z und den

---

[1] Ritz, W., Ann. d. Physik, Bd. 28 (1909), S. 737.

Zentriwinkel Eins, indem wir hier die Integration durch Überstreichen andeuten,

$$\overline{\mathfrak{A}}_1 = \frac{1}{2}\frac{E}{1-v^2}\int\limits_0^a\left\{\left(\frac{du}{dr}\right)^2 + 2\,v\,\frac{u}{r}\,\frac{du}{dr} + \left(\frac{u}{r}\right)^2\right\}rz\,dr. \qquad (49)$$

Bei der Berechnung der Fliehkraftenergie $\mathfrak{A}_2$ muß man bedenken, daß die Winkelgeschwindigkeit des stetig sich ändernden Gleichgewichtszustandes eine Funktion der Verschiebung ist. Daher haben wir, wiederum für die halbe Scheibendicke z und den Zentriwinkel Eins,

$$\overline{\mathfrak{A}}_2 = \varrho\int\limits_0^a zr^2\left(\int\limits_0^u \omega^2 d\xi\right)dr\,.$$

Unter Einführung der bei festgehaltenem r zu betrachtenden Funktion

$$Q = \int\limits_0^u \omega^2 d\xi \qquad (50)$$

dürfen wir also schreiben

$$\overline{\mathfrak{A}}_2 = \varrho\int\limits_0^a zQr^2 dr \qquad (51)$$

Unter Benutzung von (49) und (51) läßt sich also die potentielle Energie der rotierenden Scheibe bis auf einen konstanten Faktor in der Form

$$\overline{\mathfrak{A}} = \int\limits_0^a\left\{\left(\frac{du}{dr}\right)^2 + 2\,v\,\frac{du}{dr}\,\frac{u}{r} + \left(\frac{u}{r}\right)^2 - \frac{2\,\varrho\,(1-v^2)}{E}Qr\right\}zr\,dr \qquad (52)$$

schreiben, worin Q nach (50) eine unbekannte Funktion von u ist. Unter allen die Randbedingungen der Aufgabe erfüllenden Funktionen u von r macht diejenige, die die Lösung darstellt, das Integral (52), wie gesagt zu einem Minimum.

Zunächst wollen wir zeigen, daß diese Formulierung des Scheibenproblems mit der Formulierung (21) gleichbedeutend ist. Da z eine gegebene Funktion von r ist, so kann (52) in der Gestalt

$$\overline{\mathfrak{A}} = \int\limits_0^a H\left(u, r, \frac{du}{dr}\right)dr\,, \qquad (53)$$

worin H den Integranden von (52) bezeichnet, geschrieben werden. Eine notwendige Bedingung für das Eintreten des Minimums findet ihre Darstellung in der bekannten Eulerschen Differentialgleichung

$$\frac{d}{dr}\left[\frac{\partial H}{\partial\,(du/dr)}\right] - \frac{\partial H}{\partial u} = 0\,, \qquad (54)$$

deren Herleitung in jedem Lehrbuche der Variationsrechnung gegeben wird[1]. Beachtet man, daß nach (50) die Beziehung

$$\frac{\partial Q}{\partial u} = \omega^2$$

___

[1] Man findet sie auch im dritten Bande des bekannten Lehrbuches der Differential- und Integralrechnung von Serret-Scheffers, Leipzig: B. G. Teubner.

besteht, so erhält man nach Durchführung der in (54) angegebenen Differentiationen genau die Gleichung (21).

Aus dieser variationstheoretischen Nebenbetrachtung ziehen wir einen Schluß, der für die Anwendung des Ritzschen Verfahrens auf das Scheibenproblem sich als praktisch nützlich erweisen wird. Die Ableitung der durch (50) definierten Funktion Q nach u ist gleich ω^2. Da wir für ω^2 nach erfolgter Differentiation in (54) einen willkürlich wählbaren konstanten Wert einzusetzen haben, so brauchen wir diese Größe ω^2 nicht als Funktion von u zu kennen. Daher kommt es auf die Funktion Q selbst eigentlich gar nicht an, und wir dürfen sie durch eine andere Funktion ersetzen, sofern die letztere nach u differenziert den Parameter ω^2 ergibt. Also darf die Funktion Q beim Übergang von (53) zu (54) durch die Funktion

$$Q^* = \omega^2 u, \qquad (55)$$

worin ω^2 konstant ist, ersetzt werden. Mit anderen Worten, die Lösung des Problems erleidet keine Änderung, wenn man statt Q in (52) die Funktion Q^* einführt[1].

Jetzt gehen wir zum eigentlichen Ritzschen Verfahren über. Statt das Minimum des Integrals (52) auf dem Wege über die Eulersche Differentialgleichung (54) zu suchen, kann man für die Funktion u mit W. Ritz[2] die Entwicklung

$$u = c_1 U_1 + c_2 U_2 + c_3 U_3 + \cdots \qquad (56)$$

ansetzen, worin U_1, U_2, U_3, ... mehr oder weniger passend gewählte bekannte Funktionen von r, c_1, c_2, c_3, ... dagegen unbestimmte Koeffizienten sind, denen allerdings die Beschränkung bereits auferlegt worden ist, daß der Ansatz (56) die Randbedingungen erfüllen soll[3]. Wir nehmen ferner an, daß die Anzahl der Funktionen U hinreichend groß ist, um damit bei geeigneter Wahl der Koeffizienten c jede Funktion u mit befriedigender Genauigkeit darstellen zu können. Setzt man den Ausdruck (56) in (52) ein, so erhält man nach durchgeführter Integration eine quadratische Funktion der Koeffizienten c. Diese Konstanten müssen nun so gewählt werden, daß der erhaltene Integralwert zu einem Minimum wird. Dies ist eine Aufgabe aus der Theorie der Maxima und Minima von Funktionen, eine Aufgabe, die sich im allgemeinen einfacher bewältigen läßt als die Differentialgleichungen. Dies ist, im Rahmen der praktischen Anwendung des Verfahrens überhaupt betrachtet, der erste Grund für die Beliebtheit des Verfahrens.

---

[1] Der Artikel von Poeschl in der Zeitschrift für das gesamte Turbinenwesen beruft sich bei der Begründung von (55) auf eine nicht näher angegebene Betrachtung von H. Lorenz.

[2] Ritz, W., Ann. Physik Bd. 28 (1909) S. 737.

[3] Auf allgemeinere Ansätze, wie sie in der Technik z. B. in der Theorie der Scheibenschwingungen üblich sind, braucht hier nicht eingegangen zu werden.

Da uns die Funktion $\omega^2 = \omega^2 (u)$ in (50) nicht bekannt ist, so ist die oben erfolgte Zurückführung der Funktion Q auf $Q^* = \omega^2 u$ für die Auswertung des Integrals sehr wertvoll.

Die Wahl der Funktionen U wird sich im allgemeinen nach der Art der darzustellenden Funktion und den Randbedingungen richten. Im Falle des Scheibenproblems kann man sich mit Vorteil einer Potenzreihe bedienen. Eine Potenzreihe gestattet ja prinzipiell jede stetige Funktion mit beliebiger Genauigkeit zu approximieren. Wir werden also allgemein

$$u = c_1 r + c_2 r^2 + c_3 r^3 + \cdots \tag{57}$$

anzusetzen haben. Das absolute Glied muß natürlich gleich Null sein, da die Radmitte $r = 0$ keine Verschiebung erleiden kann. Übrigens gilt der Ansatz (57) nur für nicht negative Werte von r $(0 < r < a)$, da bei Aufgaben in Polarkoordinaten der Radius r stets der Bedingung

$$0 < r$$

unterliegt und der Übergang zu diametral gegenüberliegenden Scheibenteilen durch Kreisbewegung senkrecht zum Radius erfolgt. Sonst dürften ungerade Potenzen in (57) nicht vorkommen, da sie bei der Vorzeichenumkehr von r eine Unsymmetrie der Verschiebung in bezug auf $r = 0$ ergeben würden[1].

Während man mit einem Ansatz von der Form (57) die Lösung prinzipiell mit beliebiger Genauigkeit ermitteln kann, ist es andererseits durchaus nicht ausgeschlossen, daß man auch mit einem unvollständigen Ansatz etwa von der Form

$$u = c_2 r^2 + c_4 r^4 + c_6 r^6 + \cdots$$

praktisch brauchbare Näherungen erhalten kann. Eine Erscheinung ähnlicher Art ist es, daß bei einer geeigneten Wahl der Funktionen U in (56) die praktisch erforderliche Anzahl derselben häufig sehr gering wird. Im Einklang hiermit haben sich bei manchen technisch wichtigen Aufgaben Lösungen von vorzüglicher Konvergenz ergeben. Dies ist der zweite Grund für die weitgehende Verbreitung des Verfahrens. Wegen einer allgemeinen Behandlung der Konvergenzfrage bei unendlich groß angenommener Gliederanzahl muß hier allerdings auf die Literatur verwiesen werden[2].

Damit ist das Ritzsche Verfahren speziell mit Bezug auf die hier in Frage stehenden Anwendungsmöglichkeiten in den Grundzügen charakterisiert. Die praktische Durchführung bietet hiernach keine Schwierigkeiten mehr. Im zitierten Artikel von Poeschl wird das Verfahren auf die Berechnung konischer und paraboloidischer Vollscheiben angewendet. Doch gehen wir hier auf die Einzelheiten der numerischen Ergebnisse nicht weiter ein, da der Fall der konischen Scheiben im nächsten Kapitel

---

[1] Vgl. hierzu auch den oben erwähnten Artikel von A. Fischer.

[2] Insbesondere sei hier die im Handbuch der Physik, Bd. 6, S. 130—138 von E. Trefftz gegebene Darstellung hervorgehoben. Berlin: Julius Springer 1928.

auf anderem Wege erledigt wird, während Scheiben von parabel-förmigem Profil für den Dampfturbinenbau von geringerem Interesse sind.

4. Integration durch Reihen und die hypergeometrische Spannungs-verteilung. Die der Gleichung (21) oder (22) entsprechende homogene Differentialgleichung kann in der Form

$$r^2 p_0(r)\, T'' + r\, p_1(r)\, T' + p_2(r)\, T = 0$$

geschrieben werden, worin p_0, p_1, p_2 gegebene Funktionen von r sind und Striche Differentiationen nach r bedeuten. Sind p_0, p_1, p_2 endliche oder konvergente unendliche Potenzreihen, so ist die Lösung häufig ebenfalls mit Hilfe von konvergenten Potenzreihen darstellbar[1]. Ausführliche Beispiele hierzu werden wir im 4. und besonders im 5. Kapitel haben. Hier möge die Bemerkung genügen, daß dieses Integrationsverfahren bei gewöhnlichen linearen Differentialgleichungen 2. Ordnung mit varia-blen Koeffizienten — zu diesen gehören ja unsere Gleichungen (21) und (22) — von der Theorie sehr eingehend untersucht worden ist und in den Anwendungen sehr ausgiebig benutzt wird. Sehr bekannte Bei-spiele von Differentialgleichungen dieser Art mit in Reihenform vor-liegenden Lösungen sind die Legendresche, die Besselsche, die Gauß-sche oder hypergeometrische Differentialgleichungen. Mit Rücksicht auf die erforschten Lösungsformen solcher speziellen Differentialgleichungen kann man sich die Aufgabe stellen, Profilklassen anzugeben, die der Gleichung (21) oder (22) jene speziellen Gestalten geben. Für die hyper-geometrische Differentialgleichung erhält A. Fischer[2] als zugehörige Profilklasse die Kurvenschar

$$z = z_0\left[1 - k\left(\frac{r}{r_0}\right)^m\right]^n. \tag{58}$$

Bei geeigneter Spezialisierung der Konstanten k, m und n ergeben sich hieraus alle in dieser Schrift erörterten analytisch darstellbaren Profile. Unter anderem erwähnt Fischer die Scheibe gleicher Dicke, die konische Scheibe, die parabolischen und hyperbolischen Profile, ferner die Profile, die sich mit Hilfe von Exponentialfunktionen darstellen lassen, indem man nämlich die beiden Konstanten r_0^m und n einander gleich macht und unendlich groß werden läßt. Bei den letzteren Profilen führt der Fall $m = 2$ auf die Scheibe gleicher Festigkeit (2. Kapitel dieser Schrift).

Die Zurückführung der Aufgabe auf die hypergeometrische Differen-tialgleichung geschieht wie folgt. Führt man das Profil (58) in (21) ein, so wird

---

[1] Siehe A. Stodola, Dampf- und Gas-Turbinen, 1922 S. 889—891. Siehe ferner R. Fricke, Differential- und Integralrechnung, Bd. 2 S. 336—341. Leipzig: B. G. Teubner 1918.

[2] Fischer, A., Z. öst. Ing.- u. Arch.-Ver. 1922 S. 46f.

$$\frac{d^2 u}{dr^2} + \left[\frac{1}{r} - \frac{kmn\,r^{m-1}}{r_0^m - kr^m}\right]\frac{du}{dr} - \left[\frac{\nu kmn\,r^{m-1}}{r_0^m - kr^m} + \frac{1}{r}\right]\frac{u}{r} + \left. \begin{array}{l} \\ + \dfrac{\varrho\,\omega^2(1-\nu^2)}{E}\,r = 0\,. \end{array}\right\} \quad (59)$$

Setzt man nun

$$u = r\,T \qquad\qquad kr^m = r_0^m\,t$$

so wird zunächst

$$r\frac{d}{dr} = mt\frac{d}{dt},\quad r^2\frac{d^2}{dr^2} + r\frac{d}{dr} = r\frac{d}{dr}\left(r\frac{d}{dr}\right) = m^2\left(t^2\frac{d^2}{dt^2} + t\frac{d}{dt}\right)$$

und damit geht (59) nach Multiplikation mit r in

$$\frac{d^2 T}{dt^2} + \frac{1 + 2/m - (1 + 2/m + n)t}{t(1-t)}\frac{dT}{dt} - \frac{n}{m}\frac{1+\nu}{t(1-t)}T + \\ + \frac{\varrho\,\omega^2 r_0^2(1-\nu^2)}{m^2 E\,k^{2/m}}\,t^{2/m - 2} = 0$$

über. Nun betrachte man die der letzten Gleichung entsprechende homogene Gleichung, indem man ϱ gleich Null setzt, und führe die Konstanten α_1, α_2, α_3 vermöge der Beziehungen

$$\alpha_1\alpha_2 = \frac{n}{m}(1+\nu) \qquad \alpha_1 + \alpha_2 = n + \frac{2}{m} \qquad \alpha_3 = 1 + \frac{2}{m}$$

ein. Dann hat man die Gleichung

$$\frac{d^2 T}{dt^2} + \frac{\alpha_3 - (\alpha_1 + \alpha_2 + 1)t}{t(1-t)}\frac{dT}{dt} - \frac{\alpha_1\alpha_2}{t(1-t)}T = 0$$

und dies ist eben die hypergeometrische Differentialgleichung. Ihre Lösung ist, wie gesagt, durch unendliche Reihen gegeben, deren Form und Konvergenzbedingungen in der Literatur sehr eingehend diskutiert werden[1]. So sind z. B. für den Fall, daß $1 - \alpha_3$ weder Null, noch eine ganze Zahl ist, die Integrale der letzten Gleichung gegeben durch

$$T_1 = F(\alpha_1, \alpha_2, \alpha_3, t) \qquad T_2 = t^{1-\alpha_3}F(\alpha_1 + 1 - \alpha_3, \alpha_2 + 1 - \alpha_3, 2 - \alpha_3, t)\,,$$

wobei

$$F(\alpha_1, \alpha_2, \alpha_3, t) = 1 + \frac{\alpha_1\alpha_2}{1!\,\alpha_3}t + \frac{\alpha_1(\alpha_1 + 1)\,\alpha_2(\alpha_2 + 1)}{2!\,\alpha_3(\alpha_3 + 1)}t^2 + \cdots$$

Die Reihe konvergiert für $|t| < 1$, sie divergiert für $|t| > 1$. Für $t = 1$ konvergiert die Reihe, falls $\alpha_3 - (\alpha_1 + \alpha_2) > 0$, dagegen divergiert sie dann, falls $\alpha_3 - (\alpha_1 + \alpha_2) \leq 0$. Wegen einer vollständigen Diskussion nach gegebenem Muster sei auf die bezeichnete Literatur oder auf die von Fischer gegebene Darstellung verwiesen. Was die Frage der praktischen Durchführung der Reihenberechnungen betrifft, so werden wir im 4. Kapitel ein typisches Beispiel hierfür haben.

5. Die Beziehungen der allgemeineren zu den spezielleren analytischen Lösungen. Die Frage der Beziehungen, die die eben besprochenen allgemeineren Lösungen und Lösungsverfahren mit den in der technischen Praxis wirklich verwendeten spezielleren analytischen Lösungen, wie

---

[1] Siehe L. Schlesinger, Differentialgleichungen. Leipzig 1900, Sammlung Schubert, Bd. 12.

die in den beiden folgenden Kapiteln erörterten, verknüpfen, bildet ein natürliches Seitenstück zu der bei den Grundlösungen betrachteten analogen Frage. Wir haben im 2. Kapitel gesehen, daß die Scheibe gleicher Festigkeit und die Scheibe gleicher Dicke an sich sehr beschränkte Anwendungsgebiete haben; gleichzeitig hat es sich aber gezeigt, daß diese speziellen Lösungen auf die Ausbildung der in der Technik benutzten graphischen Verfahren in dem einen oder dem anderen Sinne stark eingewirkt haben, indem nämlich die Scheibe gleicher Festigkeit als Vorbild und die durch die Scheibe gleicher Dicke verkörperte Lösung als mathematisches Werkzeug betrachtet bzw. benutzt wurden. In entsprechender Weise müssen wir uns nun auch bei den allgemeineren Lösungen und Lösungsverfahren vergegenwärtigen, worin ihre Bedeutung für die Auffindung und Ausarbeitung von in der Praxis tatsächlich verwendbaren spezielleren analytischen Lösungen besteht.

In den Vorbemerkungen zu diesem Kapitel haben wir schon im voraus hervorgehoben, und wir konnten es auch im Verlauf der Darstellung sehen, daß nicht alle unter den behandelten allgemeineren Lösungen und Lösungsverfahren vom eben gekennzeichneten Standpunkt aus gleiches Interesse beanspruchen. So können wir uns bei den Scheiben gleicher Festigkeit im verallgemeinerten Sinne des Wortes (§ 2 dieses Kapitels) verhältnismäßig kurz fassen. Da haben wir es mit Lösungen zu tun, die für die praktische Verwendung auch dann in Frage kommen können, wenn man von anderen Vorstellungen über das Maß der Festigkeit ausgeht, als die ihnen zugrunde liegenden, und diese Scheiben nicht als Scheiben gleicher Festigkeit ansieht. Es ist nicht ausgeschlossen, daß man bei einer weitergehenden Untersuchung dieser Profile, falls sich hierfür Veranlassung bieten sollte, zu Lösungen gelangen könnte, die sich den praktischen Anforderungen und Bedürfnissen in befriedigendem Maße anpassen lassen.

Um einen Sachverhalt von wesentlich anderer Natur handelt es sich bei dem Ritzschen Verfahren. Der Nutzen dieses Verfahrens besteht darin, daß es grundsätzlich für jedes analytisch gegebene Profil, also für jede von konstanten Parametern abhängige Profilkurvenschar, die Lösung des Scheibenproblems in formelmäßiger Gestalt in Abhängigkeit von jenen Parametern liefert. Im allgemeinen wird sich die Lösung in Reihenform ergeben. Eine gewisse Überlastung ergibt hierbei allerdings die Frage der Konvergenz bzw. des zugelassenen Fehlers des Verfahrens, die hier mit Rücksicht auf die mehr oder weniger willkürliche Form des Ansatzes eine besondere Rolle spielt. Bestimmtere Urteile sind daher bei jeder einzeln nach den angegebenen Richtlinien zu behandelnden Profilklassen bzw. Ansatzformen anzustreben. Doch ist die Anzahl der nach dem Ritzschen Verfahren allgemein durchgerechneten Profile, zur Zeit wenigstens, gering. Ergänzend wollen wir noch bemerken, daß sich das Ritzsche Verfahren in der Praxis sonst besonders dort fest eingebürgert hat, wo sich eine explizite Lösung, sei es auf dem Wege der exakten Methoden, sei es im Rahmen eines Näherungsverfahrens, als schwer zugänglich erweist, ein Sachverhalt, der beim Scheibenproblem nicht zutrifft.

Was nun das Integrationsverfahren durch Reihen betrifft, so ist auch hier ein großer Spielraum für mögliche Profilscharen vorhanden. Der Vorteil gegenüber dem Ritzschen Verfahren vom Standpunkt der praktischen Anwendung liegt in der weitergehenden Durchbildung des Berechnungsverfahrens, wie sie beispielsweise durch die allgemeine Profilklasse (58) der hypergeometrischen Spannungsverteilung gegeben ist (§ 4 dieses Kap.). In diesem Sinne darf man das Integrationsverfahren durch erforschte Reihenansätze als dasjenige Integrationsverfahren bezeichnen, das unter den allgemeineren Lösungsverfahren die bestimmtesten Resultate ergibt. Laut obigem ist es von erheblichem Interesse, das Verhältnis dieser Resultate zu den Lösungen der Praxis festzustellen. Zu diesem Zwecke greifen wir auf die zwei Hauptforderungen des § 1 der Einleitung zurück und stellen fest, daß der Begriff der Lösung der durch diese Forderungen gekennzeichneten Aufgabe verschiedenen Inhalt hat, je nachdem wir von einer Lösung auf graphischem Wege sprechen, oder aber von einer analytischen Lösung.

Wir haben gesehen, daß, sofern es sich um eine graphische Lösung des Problems handelt, irgendwelche Einteilungen in Profilklassen nicht in Frage kommen. In diesem Sinne bildet das graphische Verfahren eine vollständige Lösung unseres Scheibenproblems. Wäre dieses als ein rein wissenschaftliches Problem zu betrachten, so wäre es durch ein solches graphische Lösungsverfahren als vollkommen erledigt zu betrachten.

Bei den analytischen Lösungen ist nun der Inhalt des Begriffes der Lösung komplizierter. Wenn wir von einer analytischen Lösung des Problems der rotierenden Scheibe sprechen, so meinen wir damit folgendes. Aus der Gesamtheit aller möglichen Profilkurven soll eine speziellere Profilkurvenschar derart ausgeschieden werden, daß diese zwar die Erfüllung der technischen Bedingungen des Problems im Sinne der ersten Hauptforderung gestattet, dabei aber doch so eng ist, daß sie sich durch einfache mathematische Gesetze im Sinne der zweiten Hauptforderung beherrschen läßt. Der technische Wert und Nutzen der betreffenden Lösung ist durch das Maß bestimmt, in dem sie die zuletzt genannten an sich einander entgegengerichteten Forderungen miteinander vereinbart. Danach wäre z. B. die Spezialisierung zu weitgehend bei den an sich betrachteten beiden Grundlösungen (2. Kapitel), denn diese sind mathematisch zwar sehr einfach, aber ihr unmittelbares Anwendungsgebiet in der Konstruktionspraxis ist zu beschränkt; dagegen ist die Spezialisierung, mit einer Ausnahme, auf die wir im 4. Kapitel noch zurückkommen werden, nicht weitgehend genug bei den allgemeinen

Lösungen dieses Kapitels, was auch mit der mathematisch noch recht komplizierten Form der Resultate völlig im Einklang steht. Daß das Wesen der Lösung laut obigem gerade in der Art der Ausscheidung und in der Auffindung einer nach den angegebenen Gesichtspunkten befriedigenden Spezialisierung besteht, wird durch das folgende Beispiel illustriert. Wäre die Scheibe gleicher Festigkeit (§ 2 des 2. Kapitels) nach Bekanntwerden der Profilklasse (58) gefunden worden, so könnte man dieser Profilklasse die Priorität doch nicht zuerkennen, da die Spezialisierung, die, auf (58) angewendet, jene Grundlösung ergibt, gerade den Inhalt jener individuellen Lösung darstellt.

Das wesentliche bei der Beurteilung der Beziehungen der allgemeineren zu den spezielleren analytischen Lösungen ist nun nach den obigen Betrachtungen nicht mehr schwer anzugeben. Das Ziel des Forschungsingenieurs besteht in der Auffindung der spezielleren Lösung. Das Verhältnis der allgemeineren Lösung zu der spezielleren als solches entscheidet noch nicht darüber, ob der in Frage stehende technische Wert in der ersteren oder in der letzteren seinen Ursprung hat. Das sieht man ja am eben betrachteten Beispiel der Scheibe gleicher Festigkeit. Dieses Beispiel zeigt uns auch, wenn auch indirekt, sehr anschaulich, wie die Frage überhaupt gelöst werden kann: die allgemeinere Lösung „enthält" die speziellere, wenn überhaupt, nur insofern, als die allgemeinere Lösung bereits auf die Gesichtspunkte hinführt, die die Spezialisierung kennzeichnen. Danach mußten wir eben die Scheibe gleicher Festigkeit als eine selbständige Lösung anerkennen, auch wenn sie zeitlich nach der allgemeineren Profilklasse erhalten worden wäre.

Um also die Frage der Beziehungen der allgemeineren zu den spezielleren analytischen Lösungen beantworten zu können, muß man erst die Natur der jeweils vorliegenden spezielleren Lösung genau studieren und dann zusehen, ob bzw. inwiefern die Gesichtspunkte für die ihr zugrunde liegende Spezialisierung bereits in der allgemeineren Lösung enthalten sind.

Die Erörterung der spezielleren analytischen Lösungen der Praxis bildet den Gegenstand der beiden folgenden Kapitel.

Viertes Kapitel.

Die hyperboloidischen und die konischen Scheibenräder.

1. Vorbemerkungen. Die hyperboloidischen und die konischen Scheibenräder sind zwei wichtige speziellere analytische Lösungen des Problems der rotierenden Scheibe, die, wie wir sehen werden, in der Literatur eingehende Behandlung, in der Konstruktionspraxis mehr oder weniger weitgehende Verwendung gefunden haben. Der praktischen Bedeutung dieser Lösungen entsprechend sind die zugehörigen Spannungsausdrücke trotz der nicht unerheblichen Kompliziertheit der mathematischen Handhabung ausgiebig tabelliert bzw. durch Kurvenscharen in Schaubildern dargestellt worden. Die auf diese Weise entstandenen Normalien sind hier zum Teil wiedergegeben, nämlich soweit sie für den tatsächlichen technischen Gebrauch nach dem neuesten Stande des Problems von Nutzen sind.

Während bei der graphischen Behandlung des Scheibenproblems die Lösung nach Belieben stetig variiert werden kann, ist dies bei den analytischen Lösungen nicht der Fall (Einleitung § 4). Schreibt man den Innen- und den Außendurchmesser, sowie die ihnen entsprechenden Scheibenstärken vor, so ist die Profilkurve bei den hier zu behandelnden analytischen Lösungen prinzipiell bereits festgelegt. Praktisch gesprochen wird dabei das hyperbolische Profil die dünnste, das trapezförmige Profil die stärkste Scheibe ergeben. In diesem Sinne kann man die beiden Profile in der Regel als Grenzprofile ansehen, zwischen denen die den jeweils vorliegenden individuellen Verhältnissen entsprechende Lösung überhaupt liegen kann. Dies ist eine wichtige Nebeneigenschaft der beiden in Frage stehenden Profile, die zu ihrer Bedeutung wesentlich beiträgt.

2. Die hyperboloidischen Scheiben. Eine in geschlossener Form ausdrückbare Lösung des Scheibenproblems wird erhalten, falls man der Profilkurve die Gestalt

$$z = C r^{-\alpha} \tag{60}$$

gibt, worin C und α positive Konstanten sind[1]. Setzt man (60) in die Gleichung (21) ein, so folgt unter Benutzung von (27)

$$\frac{d^2 u}{d r^2} + \frac{1 - \alpha}{r} \frac{d u}{d r} - \frac{1 + \alpha \nu}{r} \frac{u}{r} + c r = 0 . \tag{61}$$

Hierin führe man, um die Differentialgleichung homogen zu machen,

$$u = U + A r^3$$

ein. Dies ergibt

$$\frac{d^2 U}{d r^2} + \frac{1 - \alpha}{r} \frac{d U}{d r} - \frac{1 + \alpha \nu}{r} \frac{U}{r} = 0 , \tag{62}$$

vorausgesetzt, daß

$$A = - \frac{\varrho \, \omega^2 \, (1 - \nu^2)}{E \, [8 - (3 + \nu) \alpha]} \tag{63}$$

gewählt wird. Mit $U = $ konst. r^s wird (62) auf die Gleichung

$$s^2 - \alpha s - (1 + \alpha \nu) = 0$$

zurückgeführt. Die Wurzeln dieser Gleichung sind

$$\tfrac{1}{2} s_1 = \alpha + \sqrt{\tfrac{1}{4} \alpha^2 + \alpha \nu + 1} > 0 \qquad s_2 = \tfrac{1}{2} \alpha - \sqrt{\tfrac{1}{4} \alpha^2 + \alpha \nu + 1} < 0 .$$

Demzufolge ist das vollständige Integral von (61) durch

$$u = A r^3 + B_1 r^{s_1} + B_2 r^{s_2} \tag{64}$$

---

[1] Siehe A. Stodola, Dampf- und Gas-Turbinen, 1922 S. 324.

gegeben, worin B_1 und B_2 die durch die Randbedingungen bestimmten Integrationskonstanten sind, während A den Wert (63) besitzt. Führt man endlich die Verschiebung (64) in (19a) ein, so folgt

$$\left.\begin{aligned} \sigma_r &= \frac{E}{1-\nu^2}\left[(3+\nu)\,A\,r^2 + (s_1+\nu)\,B_1 r^{s_1-1} + (s_2+\nu)\,B_2 r^{s_2-1}\right] \\ \sigma_t &= \frac{E}{1-\nu^2}\left[(1+3\nu)\,A\,r^2 + (1+\nu s_1)\,B_1 r^{s_1-1} + (1+\nu s_2)\,B_2 r^{s_2-1}\right] \end{aligned}\right\} \quad (65)$$

Da die Zahlen s_1 und s_2 im allgemeinen irrational sind, so ist die numerische Spannungsberechnung nach den Formeln (65) in der Regel äußerst kompliziert[1]. Eine erhebliche Vereinfachung tritt allerdings in den Fällen ein, daß man für eine der Zahlen s_1, s_2, etwa für s_1, eine positive ganze Zahl oder Null vorschreibt:

$$s_1 = 0, 1, 2, 3, \ldots$$

Der entsprechende Wert von s_2 ist

$$s_2 = -\frac{1+\nu s_1}{\nu + s_1}.$$

Die Konstante α ist dann durch

$$\alpha = s_1 + s_2$$

gegeben. Falls $\nu = \tfrac{1}{3}$ gesetzt wird, so ist dann

$$s_2 = -\frac{3+s_1}{1+3s_1}$$

bzw.

$$\alpha = 3\,\frac{s_1^2-1}{1+3s_1}.$$

Besonders einfach werden die Formeln, wenn man $s_1 = 3$ wählt. Der entsprechende Wert von α wäre 2,4. In technischen Anwendungen ist allerdings meistens $\alpha < 2{,}0$ (s. weiter unten).

Von derartigen Spezialfällen jedoch abgesehen, ist die Spannungsberechnung, wie gesagt, sehr langwierig. Mit Rücksicht auf die Bedürfnisse der Dampfturbinentechnik wurden die Spannungsausdrücke trotzdem für eine Reihe von Werten des Exponenten α bei verschiedenen Werten des Verhältnisses

$$m_0 = \frac{\text{Innenhalbmesser } r_0}{\text{Außenhalbmesser } a}$$

berechnet. Aus Gründen, die gleich angegeben werden sollen und die später klar hervortreten werden, brauchen die Ergebnisse jener Berechnungen für hyperboloidische Scheiben hier nicht zahlenmäßig wiedergegeben zu werden. Eine auf das Wesentliche beschränkte Inhaltsangabe der zur Berechnung dieser Scheibenräder durchgeführten graphischen Darstellungen[2] dürfte vielmehr vollständig genügen.

---

[1] Vgl. hierzu Engineering vom 30. Aug. 1912 S. 279 (Artikel von H. M. Martin).

[2] Siehe Engineering, a. a. O., sowie den Artikel von W. Knight in derselben Zeitschrift, Heft vom 3. Aug. 1917. Vgl. hierzu auch den Artikel von H. Holzer in der Z. ges. Turbinenwesen 1913 S. 424.

Die bezeichneten Darstellungen von σ_r und σ_t sind in der Form von Kurvenscharen gegeben, wobei sich jede Schar auf einen bestimmten Wert von α bezieht. Jede Kurve einer Schar entspricht einem bestimmten Wert von m_0. Die Konstante m_0 durchläuft die Werte 0,1; 0,2; 0,3; ...; 1,0; der Exponent α dagegen durchläuft die Werte 0,0; 0,5; 1,0; 1,5; 2,0. Die Spannungen sind in zwei Teile zerlegt, von denen sich der eine auf die Scheibe ohne Schaufeln bezieht, so daß die Radialspannung an beiden Rändern verschwindet, während der andere Teil die Spannungen infolge der Schaufelbelastung angibt. Es handelt sich hierbei also um eine Darstellung nach dem Vorbilde von (30), die aus (65) durch Einführung der Randbedingungen (29) entsteht; der eine Teil der Spannungsbeträge ist eben mit ω^2, der andere mit der Randspannung σ behaftet. Jeder dieser zwei Teile ist bei jeder der beiden Spannungen σ_r und σ_t durch eine besondere Kurve veranschaulicht. Die Spannungsgrößen sind als Funktionen des Verhältnisses

$$m = \frac{\text{Halbmesser } r}{\text{Außenhalbmesser } a}$$

dargestellt; dies wird durch das oben (§ 6 des 1. Kapitels) gegebene Ähnlichkeitsgesetz ermöglicht, was übrigens auch am Beispiel des Systems (30) leicht bestätigt werden kann. Durch die angegebene Unterteilung der Spannungsbeträge wird es ermöglicht, den Einfluß der Schaufelung auf die Spannungsverteilung der Scheibe innerhalb des Ähnlichkeitsgesetzes zu studieren, ohne auf die sonstige Gestalt der Schaufelung Rücksicht nehmen zu müssen.

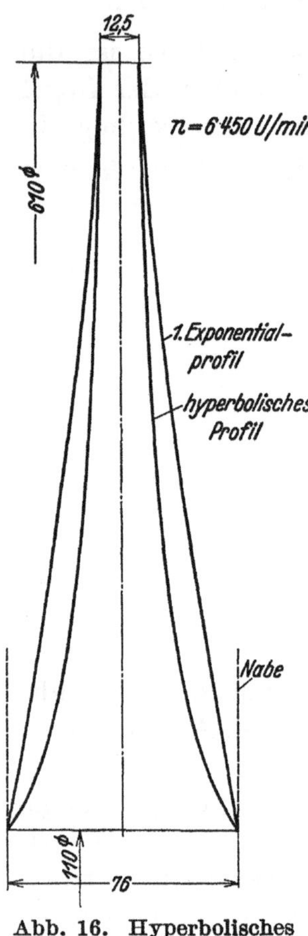

Abb. 16. Hyperbolisches Profil.

Die damit im wesentlichen beschriebenen Diagramme erleichtern die Berechnung hyperboloidischer Scheiben erheblich, wenn auch andererseits nicht übersehen werden darf, daß die Intervalleinteilung sowohl beim Parameter m als auch beim Parameter α für praktische Zwecke nicht dicht genug ist. Ein nicht unerheblicher Nachteil der hyperboloidischen Scheibe besteht fernerhin in einer zu starken Krümmung der Profilkurve in der Nähe der Bohrung, falls diese im Vergleich zum Außendurchmesser nicht groß genug ist. Unter gewissen günstigen Verhältnissen ergibt das Profil zwar sehr gefällige Scheibenformen, wie Abb. 16 lehrt, die allerdings wiederum schwingungsgefährlich sein können[1]

---

[1] Das in dieser Abbildung zum Vergleich eingezeichnete Erste Exponentialprofil wird im nächsten Kapitel besprochen.

eine typische Klasse bilden jedoch hyperboloidische Scheiben nach Abb. 21, die ohne erhebliche Abänderungen der Profilkurve nicht verwendbar sind. Die allzu starke Krümmung und Neigung der Profilkurve gegen die Mittelebene der Scheibe sind mit der diesbezüglichen grundlegenden Voraussetzung der Stodolaschen Näherungstheorie der Scheibe nicht gut vereinbar, und von einer einigermaßen gleichmäßigen Spannungsverteilung in der Nähe der Bohrung kann bei einer hyperboloidischen Scheibe vom Typus der in Abb. 21 dargestellten schwerlich die Rede sein.

Die eben erwähnte Modifikation besteht dann in einer allmählichen Verstärkung der hyperboloidischen Scheibe nach der Bohrung hin bei unveränderter Nabenlänge (vgl. hierzu Abb. 21). Dadurch wird der Wert der voraufgegangenen zahlenmäßigen Spannungsermittlung mit Hilfe der Kurvenblätter natürlich beeinträchtigt[1]. Nun werden wir aber später (§ 8 des 5. Kapitels) sehen, daß die Verstärkungskurve analytisch sehr bequem gefaßt werden kann und daß die ihr entsprechenden Spannungsberechnungen viel einfacher sind, als beim ursprünglichen hyperbolischen Profil. Dadurch wird aber die Berechnung mit Hilfe der oben besprochenen Diagramme meistens überflüssig und die Diagramme selbst werden entbehrlich. Dies ist der Grund, warum hier auf die Wiedergabe jener Kurvenscharen verzichtet und wegen gelegentlichen Gebrauches auf die angegebene Originalliteratur verwiesen werden durfte.

Wir heben jedoch hervor, daß dem hyperbolischen Profil als gewisse untere Konstruktionsgrenze im eingangs gekennzeichneten Sinne eine praktische Bedeutung nicht abgesprochen werden kann.

3. Die konischen Scheiben. Das zum konischen Scheibenrad führende trapezförmige Profil ist bei dünneren Scheiben sehr beliebt. Die Berechnung der konischen Scheiben erfolgte früher mit Hilfe eines der oben ausführlich erörterten Näherungsverfahren. Eine vollständige analytische Lösung für den Fall der konischen Scheibe wurde in der Zeitschrift Engineering gegeben[2]. Ausführlich durchgearbeitete Zahlentabellen verdankt man E. Honegger, der im Anschluß an seine Dissertation zur wohlbekannten von Love, Reißner und Meißner ausgebildeten Schalentheorie eine andere Bearbeitung des Problems der konischen Scheibe gegeben hat[3]. Die Lösung ist jedoch bereits im oben zitierten Beitrag von A. Fischer enthalten, indem darin im Sinne des Schlußparagraphen des vorangehenden Kapitels auch die Gesichtspunkte für die Spezialisierung voll enthalten sind, die, auf die Profilklasse (58) angewendet, die nachstehend angeführte explizite Lösung liefert[4].

---

[1] Siehe hierzu den obenerwähnten Artikel von H. M. Martin.
[2] Engineering 1923, Bd. 1, S. 1—3, 115—116, 630.
[3] Z. angew. Math. Mech. 1927 S. 120.
[4] Vgl. hierzu auch Z. angew. Math. Mech. 1927 S. 247.

Das bereits oben (§ 4 des 3. Kapitels) allgemein angegebene Verfahren möge hier kurz wiederholt werden. Im Anschluß an Honegger führen wir

$$z = z_0 + h\,r \qquad\qquad r = -\frac{z_0}{h}\,t\,, \qquad\qquad (66)$$

worin z_0 die halbe Scheibendicke an der Stelle $r = 0$ ist, indem die Scheibe bis zu dieser Stelle fortgesetzt gedacht wird, während h eine negative Zahl ist, die die Neigung der Profilkurve kennzeichnet, in unsere Gleichung (21) ein. Mit (66) wird

$$z = z_0\,(1-t)\,;$$
$$\frac{d}{dr} = -\frac{h}{z_0}\,\frac{d}{dt}\,; \qquad \frac{d^2}{dr^2} = \left(\frac{h}{z_0}\right)^2 \frac{d^2}{dt^2}\,. \qquad\qquad (67)$$

Damit aber geht (21) über in die Gleichung

$$\frac{d^2 u}{dt^2} + \left(\frac{1}{t} + \frac{1}{t-1}\right)\frac{du}{dt} + \frac{u}{t\,(t-1)}\left(v - 1 + \frac{1}{t}\right) = \left(\frac{z_0}{h}\right)^3 \frac{1-v^2}{E}\,\varrho\,\omega^2 t \qquad (68)$$

die der Normalform der hypergeometrischen Differentialgleichung entspricht. Das dem Gliede mit ω^2 zugeordnete partikuläre Integral u_0 dieser Differentialgleichung lautet, wenn man mit $R = -\,(z_0 : h)$ den Wert von r bezeichnet, für den $t = 1$, $z = 0$ wird

$$u_0 = \frac{(1-v^2)\,\varrho\,\omega^2}{(11+v)\,E}\,R^3 t\left[t^2 - \frac{3+v}{5+v}\,t - \frac{3\,(3+v)}{(5+v)\,(1+v)}\right]. \qquad (69)$$

Um die der Gleichung (68) entsprechende homogene Differentialgleichung auf die im 3. Kapitel benutzte Form zu bringen, setzen wir

$$u = t\,T$$

und erhalten die uns bereits bekannte Gleichung

$$\frac{d^2 T}{dt^2} + \left(\frac{3}{t} + \frac{1}{t-1}\right)\frac{dT}{dt} + (v+1)\,\frac{T}{t\,(t-1)} = 0\,.$$

Ihr Integrationsintervall erstreckt sich von $t = 0$ $(r = 0)$ bis $t = 1$ $(r = R)$. Die Schwierigkeiten der zahlenmäßigen Auswertung der unendlichen Reihen, die die hypergeometrische Differentialgleichung im angegebenen Gebiet der t-Werte befriedigen, sind sehr beträchtlich. Eine ausführliche Schilderung derselben findet der Leser im angegebenen Aufsatz von E. Honegger. Danach muß man beispielsweise in der Umgebung gewisser Werte von t jedesmal etwa 20 Glieder der nach Potenzen von t entwickelten Reihen berücksichtigen, um hinreichend genaue Resultate zu erhalten. Für größere Werte von t wird die Konvergenz so schlecht, daß man weitere Reihenentwicklungen, nämlich solche nach Potenzen von $1-t$, heranziehen muß. Da man bei jedem der zwei partikulären Integrale der homogenen Differentialgleichung nach (19a) die Größen

$$\frac{u}{r} = \frac{T}{R}\,, \qquad\qquad \frac{du}{dr} = \frac{1}{R}\left(T + t\,\frac{dT}{dt}\right),$$

also T und $t\,(dT/dt)$, rechnen muß, so hat man mit einer Anzahl von häufig sehr langsam konvergierenden unendlichen Reihen zu tun, deren

Berechnung große Mühe macht. Doch ist diese Berechnung durchgeführt worden. Die nachstehend hier abgedruckten Zahlentabellen sind dem Aufsatz von Honnegger entnommen.

Bemerkenswert ist, daß jedes der partikulären Integrale der homogenen Differentialgleichung einmal unendlich groß wird, das eine im Punkte $r = 0$, $t = 0$, so daß es bei der Vollscheibe gestrichen werden muß, genau ebenso wie bei jeder anderen Lösung, das andere jedoch für $r = R$, $t = 1$, wo die Scheibe in eine scharfe Kante ausläuft. Doch ist dieser letztere Fall für die praktischen Verhältnisse von geringerem Interesse. Immerhin betonen wir, daß sich bei einer Vollscheibe mit scharfem Rand das vollständige Integral auf die Größe (69) reduziert. Die Randbedingungen einer solchen Scheibe bringen zum Ausdruck, daß $\sigma_r = \sigma_t$ für $r = 0$, $t = 0$, und daß $\sigma_r = 0$ für $r = R$, $t = 1$. Wir werden an Hand der folgenden Zahlentabellen sehen, daß diese Bedingungen in der Tat erfüllt sind. Der Leser vergleiche hierzu das analoge Verhalten der Lösung bei der Scheibe gleicher Festigkeit im engeren Sinne (2. Kapitel, § 2).

In der Normal-Zahlentabelle I bezeichnen wir mit u_1 und u_2 die partikulären Integrale der homogenen Differentialgleichung. Da nach (67)

$$\frac{d}{dr} = \frac{1}{R}\frac{d}{dt}, \qquad \frac{1}{r} = \frac{1}{Rt},$$

so hat man die Tabellenwerte von

$$\frac{du}{dt} + v\frac{u}{t} \quad \text{und} \quad \frac{u}{t} + v\frac{du}{dt}$$

durch R zu dividieren, um die entsprechenden Werte von

$$\frac{du}{dr} + v\frac{u}{r} \quad \text{bzw.} \quad \frac{u}{r} + v\frac{du}{dr}$$

zu erhalten.

Normal-Zahlentabelle I.

t	u_1	$\dfrac{du_1}{dt}$	u_2	$\dfrac{du_2}{dt}$	$\dfrac{u_1}{t}+v\dfrac{du_1}{dt}$	$\dfrac{du_1}{dt}+v\dfrac{u_1}{t}$	$\dfrac{u_2}{t}+v\dfrac{du_2}{dt}$	$\dfrac{du_2}{dt}+v\dfrac{u_2}{t}$
0	0	1	∞	$-\infty$	1,300	1,300	∞	$-\infty$
0,05	0,05112	1,0455	9,416	—181,13	1,336	1,352	133,98	—124,63
0,10	0,10464	1,0963	4,899	—45,04	1,375	1,410	35,38	—30,34
0,15	0,16085	1,1528	3,402	—19,87	1,418	1,475	16,72	—13,07
0,20	0,22004	1,2164	2,660	—11,07	1,465	1,547	9,98	— 7,08
0,25	0,28263	1,2879	2,219	— 7,007	1,517	1,627	6,77	— 4,34
0,30	0,34907	1,3710	1,929	— 4,805	1,575	1,720	4,99	— 2,876
0,40	0,49595	1,5771	1,5736	— 2,620	1,713	1,949	3,148	— 1,440
0,50	0,66707	1,8661	1,3672	— 1,617	1,894	2,266	2,249	— 0,796
0,60	0,8724	2,300	1,2351	— 1,0741	2,144	2,736	1,736	— 0,4566
0,70	1,1371	3,027	1,1452	— 0,7494	2,533	3,515	1,411	— 0,2586
0,75	1,3026	3,631	1,1108	— 0,6269	2,826	4,152	1,292	— 0,1810
0,80	1,5020	4,490	1,0813	— 0,5411	3,225	5,053	1,189	— 0,1356
0,85	1,7594	5,654	1,0563	— 0,4640	3,766	6,275	1,103	— 0,0912
0,90	2,1108	8,917	1,0347	— 0,3998	5,020	9,621	1,030	— 0,0549
0,95	2,7403	17,85	1,0161	— 0,3458	8,240	18,71	0,9659	— 0,0249
1,00	∞	∞	1	— 0,3000	∞	∞	0,9100	0

Die Normaltabelle II enthält die Werte des mit ω^2 behafteten partikulären Integrals (69) der inhomogenen Differentialgleichung und die ihm entsprechenden Spannungswerte für eine Stahlscheibe von $R = 100$ cm bei einer Drehzahl gleich 3000 pro Minute. Die Tabellenwerte sind also den jeweiligen Verhältnissen entsprechend mit einer Konstanten zu multiplizieren.

Normal-Zahlentabelle II.

r cm	t	u_0 cm	$\dfrac{d\,u_0}{d\,r}$	$\dfrac{u_0}{r} + v\,\dfrac{d\,u_0}{d\,r}$	$\dfrac{d\,u_0}{d\,r} + v\,\dfrac{u_0}{r}$
0	0	0	0,000436	0,000567	0,000567
5	0,05	0,002224	0,000453	0,000581	0,000586
10	0,10	0,004521	0,000465	0,000592	0,000601
15	0,15	0,006861	0,000472	0,000599	0,000610
20	0,20	0,009237	0,000475	0,000604	0,000614
25	0,25	0,011612	0,000474	0,000607	0,000613
30	0,30	0,013967	0,000468	0,000606	0,000607
40	0,40	0,018531	0,000442	0,000596	0,000581
50	0,50	0,022741	0,000398	0,000574	0,000534
60	0,60	0,026418	0,000335	0,000541	0,000467
70	0,70	0,029386	0,000254	0,000496	0,000380
75	0,75	0,030550	0,000208	0,000470	0,000330
80	0,80	0,031456	0,000156	0,000440	0,000274
85	0,85	0,032085	0,0000994	0,000407	0,000213
90	0,90	0,032438	0,0000384	0,000372	0,000147
95	0,95	0,032470	—0,0000266	0,000334	0,000076
100	1,00	0,032170	—0,0000965	0,000293	0

Für $r = 0$, $t = 0$ sind die Zahlenwerte der beiden letzten Spalten der Normaltabelle II einander gleich; laut obigem besagt dies, daß bei der bis zum scharfen Rand fortgesetzten Vollscheibe $\sigma_r = \sigma_t$ ist für $r = 0$. Dies muß natürlich auch bei der stumpf abgeschlossenen Vollscheibe gelten, was darin seinen Ausdruck findet, daß auch die beiden Zahlenwerte in der ersten Zeile des vorletzten Spaltenpaares der Normaltabelle I einander gleich sind. Das Verschwinden von σ_r am scharfen Rande der Vollscheibe (s. letzte Zeile, letzte Spalte der Normaltabelle II) wurde oben bereits betont. Bei der durchbohrten Scheibe mit scharfem Rand verschwindet σ_r am letzteren natürlich gleichfalls (s. letzte Zeile der letzten Spalte der Normaltabelle I).

Leider ist die Berechnung der Tabellenwerte laut obigem so kompliziert, daß ein Nachprüfen in der Praxis in der Regel kaum in Frage kommt auch dann, wenn eine Nachrechnungsmöglichkeit prinzipiell wünschenswert wäre, wie im folgenden Berechnungsbeispiel.

4. Beispiel zur Berechnung einer konischen Scheibe. Es handle sich um die gleiche Aufgabe wie im § 6 des 2. Kapitels, jedoch mit dem Unterschiede, daß die Profilkurve jetzt eine gerade Linie ist (Abb. 17). Mit den in dieser Abbildung angegebenen Abmessungen erhalten wir aus

$$\frac{R - 17,0}{25,0} = \frac{R - 47,5}{10,0}$$

den Parameterwert

$$R = 67{,}8 \text{ cm.}$$

Laut obigem sind demnach die letzten vier Spalten der Normaltabelle I durch $R = 67{,}8$ zu dividieren; nach (19a) sind sie ferner mit $E/(1-\nu^2)$ zu multiplizieren, um die entsprechenden Spannungsgrößen zu erhalten. Der insgesamt sich ergebende konstante Faktor ist demnach gleich

$$\frac{2\,100\,000}{1-0{,}3^2}\,\frac{1}{67{,}8} = 34\,000 \text{ kg/cm}^3.$$

Was die entsprechenden Zahlenwerte der letzten zwei Spalten der Normaltabelle II betrifft, so sind diese nach (19a) und (69) mit

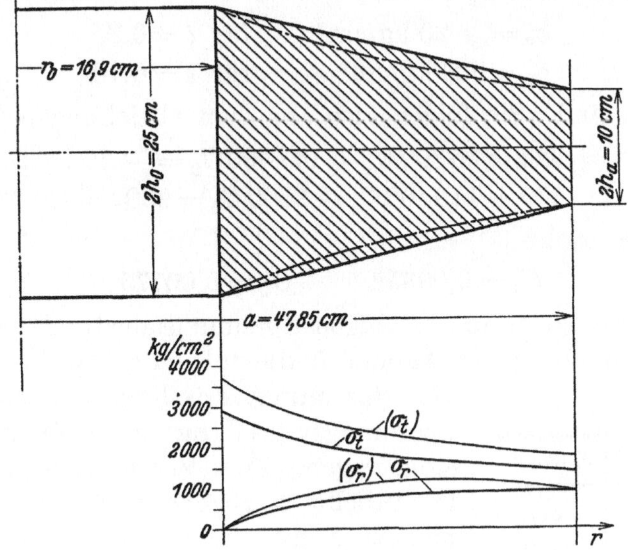

Abb. 17. Zur Berechnung einer konischen Scheibe.

$$\frac{2\,100\,000}{1-0{,}3^2}\left(\frac{1{,}2\cdot 3600}{3000}\right)^2\left(\frac{67{,}8}{100}\right)^3 = 1\,500\,000 \text{ kg/cm}^2$$

zu multiplizieren. Das in Frage kommende Intervall der t-Werte aber folgt aus

$$t_0 = \frac{r_0}{R} = \frac{17{,}0}{67{,}8} = \sim 0{,}25 \qquad t_a = \frac{a}{R} = \frac{47{,}5}{67{,}8} = \sim 0{,}70.$$

Innerhalb des Intervalles $0{,}25 \leqslant t \leqslant 0{,}70$ sind also die bezeichneten Spalten der Normal-Zahlentabelle I bzw. II mit den angegebenen konstanten Zahlenwerten zu multiplizieren. Die in dieser Weise entstehenden Zahlenwerte sind in der folgenden Tabelle zusammengestellt, in der die oberen eingeklammerten Indizes den unteren Indizes der Normaltabellen I und II entsprechen.

Tabelle 5.

t	$\sigma_r^{(0)}$	$\sigma_t^{(0)}$	$\sigma_r^{(1)}$	$\sigma_t^{(1)}$	$\sigma_r^{(2)}$	$\sigma_t^{(2)}$
0,25	920	910	55300	51500	—147500	230000
0,30	910	909	58500	53500	— 97700	169600
0,40	870	894	66300	58200	— 49000	107000
0,50	800	861	77000	64400	— 27000	76500
0,60	700	811	93000	72800	— 15500	59000
0,70	570	744	119400	86000	— 8800	48000

Danach lautet die Lösung der Aufgabe

$$\sigma_r = \sigma_r^{(0)} + C_1\,\sigma_r^{(1)} + C_2\,\sigma_r^{(2)}$$

$$\sigma_t = \sigma_t^{(0)} + C_1\,\sigma_t^{(1)} + C_2\,\sigma_t^{(2)}$$

worin die Konstanten C_1 und C_2 durch die Randbedingungen

$$\sigma_r = -\,20\ \text{kg/cm}^2 \qquad \text{für}\ t = 0{,}25$$

$$\sigma_r = 930\ \text{kg/cm}^2 \qquad \text{für}\ t = 0{,}70$$

zu bestimmen sind. Sie folgen also aus dem Gleichungspaar

$$920 + 55300\,C_1 - 147500\,C_2 = -\,20$$

$$570 + 119400\,C_1 - 8800\,C_2 = 930\,.$$

Die Auflösung ergibt

$$C_1 = 0{,}00358 \qquad C_2 = 0{,}00775\,.$$

Setzt man diese Werte in die obigen Spannungsausdrücke ein, so ergibt sich unter Benutzung der Tabelle 5 die folgende Tabelle 6 betreffend die Spannungsverteilung. Danach ist die Spannungsverteilung in Abb. 17 gleichfalls eingetragen. Zum Vergleich ist dort auch die in Tabelle 4 gegebene Spannungsverteilung punktiert mit eingezeichnet. Man sieht, daß sich beide Spannungsverteilungen stellenweise um etwa 20—25% voneinander unterscheiden. Daß der verhältnismäßig geringe Profilunterschied eine derartig starke Änderung der

Tabelle 6.

t	σ_r kg/cm²	σ_t kg/cm²
0,25	—20	2880
0,30	364	2410
0,40	725	1930
0,50	867	1685
0,60	913	1530
0,70	930	1425

Spannungskurven ergeben sollte, ist wenig wahrscheinlich. Das Grammelsche Verfahren ergibt hierfür, wie wir oben (2. Kapitel, § 6) bemerkt haben, einen unwesentlichen Unterschied der einander entsprechenden Spannungsbeträge. Der Leser möge hierzu ferner auch die Profile und die Spannungsverteilungen der Abb. 20 im 5. Kapitel vergleichen. Angesichts dieser Vergleiche wird man der obigen allgemeinen Bemerkung über Nachrechnungsmöglichkeiten der Tabellenwerte die Berechtigung wohl nicht absprechen können.

5. Die konische Vollscheibe als Scheibe gleicher Festigkeit. Die Möglichkeit der bequemen Bearbeitung des geradlinigen Profils in der Werkstatt, die, wie bereits bemerkt, die konischen Scheiben in der Praxis sehr beliebt macht[1], wenn es sich um dünne Laufräder mit schwacher Neigung der Profilkurve gegen die Mittelebene handelt, ist insbesondere für die Verwendung der entsprechend bemessenen konischen Vollscheibe als Scheibe gleicher Festigkeit im engeren Sinne (2. Kapitel, § 2) bestimmend.

Die bei einer Scheibe vom Profil (23) erreichbare Gleichheit der Spannungen kann aus Stetigkeitsgründen auch unter Benutzung anderer Profile mit praktisch befriedigender Genauigkeit erzielt werden. Wesentlich sind dabei das Fehlen der Bohrung und die speziellen Randbedingungen, wie im 2. Kapitel auseinandergesetzt. Wird also die konische Vollscheibe so bemessen, daß sie die zugehörige Scheibe gleicher Festigkeit des Profils (23) praktisch gut wiedergibt, so wird auch die entsprechende Spannungsverteilung mit befriedigender Annäherung eine gleichmäßige sein, natürlich vorausgesetzt, daß die Randspannungen, durch die Fliehkräfte der Schaufelung verursacht, die entsprechende Größe haben[2]. Die konstruktive Durchbildung des Wellenanschlusses kann bei einer solchen Scheibe in der durch Abb. 7 veranschaulichten Weise erfolgen.

6. Allgemeine Eigenschaften der durch die hyperboloidischen und die konischen Scheiben dargestellten Lösungen. Bevor wir zur Besprechung weiterer analytischer Lösungen übergehen, wollen wir hier kurz die charakteristischen Eigenschaften der in diesem Kapitel erörterten Lösungen zusammenfassend hervorheben.

Was zunächst die Frage der technischen Realisierbarkeit betrifft, so haben wir gesehen, daß die hyperboloidischen Scheiben in der Regel erst nach erheblicher Profiländerung in der Nähe der Bohrung praktisch verwendbar werden, wobei sich die Profiländerung mit Hilfe eines später (5. Kapitel, § 8) anzugebenden Verfahrens sehr bequem durchführen läßt. Die konischen Scheiben dagegen bedürfen keiner Profiländerung, doch wird man das geradlinige Profil mit Rücksicht auf die Gewichtsverhältnisse meistens nur bei dünnen Scheiben verwenden können.

Sowohl bei den hyperboloidischen als auch bei den konischen Scheiben sind die Spannungsberechnungen sehr kompliziert. Dies wird insbesondere bei der Tabellierung bzw. graphischen Darstellung der Spannungsformeln fühlbar. Im Falle der hyperboloidischen Scheibe wird diese Schwierigkeit durch Verwendung des eben erwähnten Verstärkungsprofils allerdings bequem umgangen, da sich das letztere bei den numerischen Rechnungen leicht beherrschen läßt. Bei den konischen Scheiben aber ist das Berechnen der Reihen sehr mühselig. Dies hat unter anderem zur Folge, daß die Intervalleinteilungen bei den Tabellen, ebenso wie im Falle der hyperboloidischen Scheiben, für praktische Zwecke nicht dicht genug

---

[1] Vgl. hierzu z. B. auch G. S. Jiritzky, a. a. O., S. 37.
[2] Siehe E. Honegger, a. a. O.

sein können, so daß man sehr häufig zu Interpolationen wird die Zuflucht nehmen müssen.

Endlich sei hier noch auf die folgenden bemerkenswerten Eigenschaften der analytischen Darstellung der Spannungsverteilungen der beiden hier behandelten Profile hingewiesen. Die Profilkurve ist in jedem der beiden Fälle durch einen Ausdruck dargestellt, der, von einem unwesentlichen konstanten Faktor abgesehen (1. Kapitel, § 6), von r und einem konstanten Parameter abhängt. Dementsprechend sind auch die drei partikulären Integrale der Verschiebung und damit auch der Spannungskomponenten Funktionen von r und eines konstanten Parameters. Die Art der Abhängigkeit vom Parameter ist bei den einzelnen speziellen Lösungen, insbesondere bei den hyperboloidischen und den konischen Rädern, eine sehr verschiedene, so daß in diesem Punkte der individuelle Charakter der Lösung besonders stark zum Ausdruck kommt. Beim hyperbolischen Profil erscheint der Parameter im irrationalen Exponenten; jede Änderung des Exponenten der Profilkurve verlangt danach vollständig neue Berechnung der partikulären Integrale; die graphische Darstellung eines jeden der partikulären Integrale verlangt somit eine Kurvenschar. Der Fortschritt, der sich in diesem Punkte durch Verwendung des konischen Profils erzielen läßt, ist ein sehr wesentlicher. Der konstante Parameter kommt hier in der Größe R zum Ausdruck, die den Radius der bis zum scharfen Rande fortgesetzten Scheibe darstellt. Bei einer Änderung des Parameters sind die Tabellenwerte der zugehörigen Normal-Zahlentabellen nur mit einem konstanten Faktor zu erweitern, sonstige Rechnungen sind dabei nicht erforderlich. Jedes der partikulären Integrale ist danach im wesentlichen durch eine einzige Kurve dargestellt. An sich betrachtet, ist dies für die Berechnung natürlich ein großer Vorteil.

Fünftes Kapitel.

Die Exponentialprofile.

1. Vorbemerkungen. Wie in der Einleitung zum vorangehenden Kapitel bereits hervorgehoben wurde, sind die hyperboloidischen und die konischen Scheiben in der Regel als die Grenzformen anzusehen, innerhalb deren der Konstrukteur eine praktisch befriedigende Lösung der jeweils vorliegenden Aufgabe überhaupt suchen wird. Während aber bei den graphischen Methoden als solchen (2. Kapitel) ein beliebiges stetiges Variieren der Profilkurve zwischen etwaigen Grenzlösungen keine Schwierigkeiten macht, entsteht bei den analytischen Lösungsverfahren die Frage nach technisch realisierbaren mathematisch einfachen Profilen, die, zwischen den genannten Grenzformen liegend, in bezug auf die Spannungsberechnung bequeme analytische Handhabung gewährleisten. Diese Aufgabe wird durch die zwei Exponentialprofile gelöst, die in diesem Kapitel entwickelt und an praktischen Beispielen erörtert werden. Wir werden sehen, daß diese zwei Lösungen beim Scheibenentwurf sehr häufig mit Nutzen verwendet werden können und daß sie in mehreren Beziehungen sehr befriedigende Konstruktionsgrundlagen bieten. Sie bilden auch ein gewisses Äquivalent für die den graphischen Verfahren innewohnende Variierungsmöglichkeit, insofern nämlich, als sie den Zwischenraum zwischen den Grenzlösungen bereits ganz gut ausfüllen, wie sich zeigen wird.

2. Herleitung der neuen Profile. Die Herleitung der neuen Profile beruht auf folgender Überlegung[1]. Die variablen Koeffizienten der Stodolaschen Grundgleichung in einer der Formen (21), (22) sind von der zu ermittelnden Funktion (u bzw. S) frei. Gesetzt diese Koeffizienten seien durch eine Beziehung miteinander verknüpft, die eine Integrabilitätsbedingung der in Frage stehenden Differentialgleichung (21) bzw. (22) ist. Da die Koeffizienten nun, wie gesagt, von der zu ermittelnden Funktion frei sind, so ist die Integrabilitätsbedingung nichts anderes als eine Definitionsgleichung für z. Läßt sich diese integrieren, so hat man eine Lösung des Problems.

Eine Integrabilitätsbedingung der bezeichneten Art ergibt sich unter Benutzung der folgenden elementaren Integrationsmethode von linearen Differentialgleichungen[2].

Zunächst mögen folgende abkürzende Bezeichnungen gelten. Es seien der Reihe nach P_2, P_1, P_0, P die Koeffizienten der zweiten, der ersten, der nullten Ableitung der in Frage stehenden Funktion, nämlich u bzw. S, und das von der Funktion und deren Ableitungen freie Glied. Wird nun die Differentialgleichung (21) bzw. (22) nach den Regeln der partiellen Integration gliedweise integriert, so folgt, indem man die Funktion für den Augenblick allgemein mit Q bezeichnet,

$$\int P \, dr + \int (P_0 - P_1' + P_2'') Q \, dr + (P_1 - P_2') Q + P_2 Q' = 0$$

worin $P_1' = dP_1 : dr$, usw. Somit ist die Ordnungszahl der Differentialgleichung um die Einheit erniedrigt, falls

$$P_0 - P_1' + P_2'' = 0. \tag{70}$$

Setzt man hierin die Werte von P_0, P_1' und P_2'' ein, so erhält man die oben erwähnte Definitionsgleichung der Profilkurve.

3. Das Erste Exponentialprofil. Im Falle der Gleichung (21) ist

$$P_2 = 1; \quad P_1 = \frac{1}{z}\frac{dz}{dr} + \frac{1}{r}; \quad P_0 = \left(\frac{v}{z}\frac{dz}{dr} - \frac{1}{r}\right)\frac{1}{r}; \quad P = \frac{\varrho\,\omega^2(1-v^2)}{E}\,r.$$

Damit nimmt Gleichung (70) die Gestalt

$$\frac{d}{dr}\left(\frac{1}{z}\frac{dz}{dr}\right) = \frac{v}{r}\left(\frac{1}{z}\frac{dz}{dr}\right)$$

---

[1] Siehe des Verfassers Zwei neue Lösungen des Problems der rotierenden Scheibe. Schweiz. Bauztg. 1934 S. 15, oder Design and Calculation of Steam Turbine Disk Wheels. Trans. Amer. Soc. mech. Engr. 1934 S. 585.

[2] Siehe A. Forsyth, Differentialgleichungen, S. 101. Braunschweig 1912.

an. Die Lösung lautet

$$z = \alpha e^{-\beta r^{1+\nu}}, \tag{71}$$

worin α und $-\beta$ die beiden Integrationskonstanten sind. Auf die Vorzeichenfrage gehen wir später ein.

Für die durch (71) gegebene Profilkurve, die wir als Exponentialprofil, und zwar als „Das Erste Exponentialprofil" bezeichnen, nimmt die Gleichung (21) die Gestalt

$$\frac{du}{dr} + \frac{1 - (1+\nu)\,\beta r^{1+\nu}}{r}\,u + \frac{\varrho\,\omega^2\,(1-\nu^2)}{2E}\,r^2 - C = 0 \tag{72}$$

an, wenn man mit C eine willkürliche Integrationskonstante bezeichnet. Nun betrachte man die homogene Gleichung

$$\frac{du}{dr} + \frac{1 - (1+\nu)\,\beta r^{1+\nu}}{r}\,u = 0.$$

Die Lösung dieser Gleichung ist

$$D\,\frac{e^{-\beta r^{1+\nu}}}{r}, \tag{73}$$

worin D wiederum eine Integrationskonstante ist. Das partikuläre Integral, das dem Gliede mit ω^2 in der ursprünglichen Differentialgleichung entspricht, ergibt sich jetzt durch Variation der Konstante D im Integral (73). Dieses partikuläre Integral erscheint in endlicher Form, falls die Poissonsche Konstante ν gleich $1:3$ eingeführt wird; dann drückt sich nämlich dieses Integral durch

$$\frac{\varrho\,\omega^2}{3E}\,r^3\left[\frac{1}{y} + \frac{2}{y^2} + \frac{2}{y^3}\right] \tag{74}$$

aus, falls

$$\beta r^{4/3} = y \tag{75}$$

gesetzt wird.

Das der Konstante C entsprechende Integral ergibt sich nun wie folgt. Da das der Größe ω^2 entsprechende partikuläre Integral bekannt ist, so dürfen wir statt (72) die Gleichung

$$\frac{du}{dr} + \left(1 - \frac{4}{3}\,y\right)\frac{u}{r} - C = 0 \tag{76}$$

betrachten. Hierin führen wir

$$Y = \frac{u}{r} \tag{77}$$

als abhängige Variable ein, während y die unabhängige Variable sein soll. Dann wird

$$r\,\frac{d}{dr} = \frac{4}{3}\,y\,\frac{d}{dy}; \quad \frac{du}{dr} = Y + r\,\frac{dY}{dr} = Y + \frac{4}{3}\,y\,\frac{dY}{dy}$$

und (76) geht über in

$$4y\,Y' + (6 - 4y)\,Y - 3C = 0,$$

worin $Y' = dY : dy$. Jetzt setzen wir an

$$Y = a_0 + a_1 y + a_2 y^2 + a_3 y^3 + a_4 y^4 + \ldots = \sum_{n=0}^{\infty} a_n y^n. \qquad (78)$$

Setzt man dies in die letzte Gleichung ein, so folgt

$$\sum_{n=0}^{\infty} [4(n+1) a_{n+1} y^{n+1} + a_n (6 - 4y) y^n] - 3C = 0.$$

Hieraus schließen wir

$$(4n + 10) a_{n+1} - 4 a_n = 0 \qquad C = 2 a_0.$$

Führt man hierin der Reihe nach $n = 1, 2, 3, \ldots$ ein, so kommt man schließlich auf die Formel

$$a_n = \frac{2^n}{5 \cdot 7 \cdot 9 \cdots [5 + 2(n-1)]} a_0. \qquad (79)$$

Wegen (19a) ist in unserer Bezeichnung

$$\frac{1 - \nu}{E} \sigma_r = Y + y Y'$$

$$\frac{1 - \nu}{E} \sigma_t = Y + \tfrac{1}{3} y Y'.$$

Setzt man hierin die im vorangehenden für Y ermittelten partikulären Integrale ein, so ergeben sich auf Grund von (77), (73), (74), (75), (78), (79) die Formeln

$$\left.\begin{aligned}
\sigma_r &= \tfrac{1}{12} \varrho \, \omega^2 r^2 f(y) + K \varphi_1(y) + L \varphi_2(y) \\
\sigma_t &= \tfrac{1}{12} \varrho \, \omega^2 r^2 g(y) + K \psi_1(y) + L \psi_2(y)
\end{aligned}\right\} \qquad (80)$$

worin

$$\left.\begin{aligned}
f(y) &= \frac{9}{y} + \frac{6}{y^2} - \frac{6}{y^3} \qquad & g(y) &= \frac{7}{y} + \frac{10}{y^2} + \frac{6}{y^3} \\
\varphi_1(y) &= e^y \frac{2y - 1}{y^{3/2}} \qquad & \psi_1(y) &= e^y \frac{\tfrac{2}{3} y + 1}{y^{3/2}}
\end{aligned}\right\} \qquad (81)$$

$$\left.\begin{aligned}
\varphi_2(y) &= 1 + \sum_{n=1}^{\infty} \frac{4 \cdot 6 \cdot 8 \cdots (2n + 2)}{5 \cdot 7 \cdot 9 \cdots (2n + 3)} \frac{y^n}{n!} \\
\psi_2(y) &= 1 + \sum_{n=1}^{\infty} \frac{4 \cdot 6 \cdot 8 \cdots (2n + 2)}{5 \cdot 7 \cdot 9 \cdots (2n + 3)} \left(1 - \frac{2}{3} \frac{n}{n+1}\right) \frac{y^n}{n!}
\end{aligned}\right\} \qquad (82)$$

während K und L willkürliche Integrationskonstanten sind.

Was die Konvergenzfragen betrifft, so ist bei der Funktion $\varphi_2(y)$

$$\frac{a_n}{a_{n-1}} = \frac{1}{n} \frac{n+1}{n + \tfrac{3}{2}}$$

Die Reihe $\varphi_2(y)$ konvergiert demnach schneller als diejenige für die Exponentialfunktion e^y, bei der

$$\frac{a_n}{a_{n-1}} = \frac{1}{n}.$$

Konvergiert aber die Funktion $\varphi_2(y)$, so gilt dies von der Funktion $\psi_2(y)$ wegen des Faktors

$$1 - \frac{2}{3} \frac{n}{n+1}$$

erst recht.

4. Das Zweite Exponentialprofil. Wendet man die Methode der Integrabilitätsbedingung auf Gleichung (22) an, so ergibt sich eine neue Lösung, gekennzeichnet durch die Profilkurve

$$z = a\,e^{-y} \qquad\qquad y = \beta\,r^{2/3} \tag{83}$$

die wir als „Das Zweite Exponentialprofil" bezeichnen wollen. Die Spannungen sind mit $\nu = 1:3$ entsprechend gleich

$$\left.\begin{aligned}
\sigma_r &= \frac{\varrho\,\omega^2}{\beta^3}\,f(y) + K\varphi_1(y) + L\varphi_2(y) \\[2mm]
\sigma_t &= \frac{\varrho\,\omega^2}{\beta^3}\,g(y) + K\psi_1(y) + L\psi_2(y)
\end{aligned}\right\} \tag{84}$$

worin K und L die zwei willkürlichen Integrationskonstanten, die Funktionen $f(y)$, $g(y)$, $\varphi_1(y)$, $\psi_1(y)$, $\varphi_2(y)$, $\psi_2(y)$ dagegen durch die Ausdrücke

$$\left.\begin{aligned}
f(y) &= 1{,}5\left(\frac{10}{3} + \frac{5}{2}\,y + y^2\right); \qquad \varphi_1(y) = \frac{3}{y^3}; \\[2mm]
&\qquad\qquad\qquad \varphi_2(y) = -3\,\frac{e^y}{y^3}\,(2 - 2y + y^2) \\[2mm]
g(y) &= 5 + \frac{35}{12}\,y + y^2; \qquad \psi_1(y) = -\frac{3 + 2y}{y^3}; \\[2mm]
&\qquad\qquad\qquad \psi_2(y) = -\frac{e^y}{y^3}\,(-6 + 2y + y^2)
\end{aligned}\right\} \tag{85}$$

gegeben sind.

Diese Lösung ist dadurch bemerkenswert, daß bei ihr die Spannungen sowohl als auch das Profil durch geschlossene Ausdrücke gegeben erscheinen. Für die praktischen Anwendungen ist dies natürlich ein großer Vorteil. Erstens, und dies ist die Hauptsache, lassen sich die geschlossenen Ausdrücke (85) sehr leicht berechnen und tabellieren, und zwar in solcher Intervalleinteilung, daß das prinzipiell immer unerwünschte Interpolieren unnötig wird. Zweitens aber kann diese Lösung auch für solche Scheibenteile benutzt werden, die durch steilere Profilkurven charakterisiert sind. Für solche Teile nämlich, wie sie in der Verbindung zwischen eigentlichem Rad und dem Radkranz vorkommen, nimmt β, wie an Hand der unten folgenden Gleichung (86) geschlossen werden kann, einen großen negativen Wert an; die Formeln des Ersten Exponentialprofils können dann nicht benutzt werden, da die entsprechenden Reihen zur Berechnung der Spannungen in der Umgebung großer β-Werte sehr langsam konvergieren. Ein derartiger Einwand ist natürlich ausgeschlossen bei der Lösung (84). Es ist allerdings zu bemerken, daß das ganze der Berechnung zugrunde liegende Stodolasche Näherungsverfahren desto ungenauer wird, je steiler die Profilkurve verläuft.

Der zweite Punkt enthält, nebenbei bemerkt, eine Begründung für die oben getroffene Vorzeichenwahl von β bzw. von $-\beta$.

5. Schema des Verfahrens beim Entwurf einer Scheibe des Ersten oder des Zweiten Exponentialprofils. Für den praktischen Gebrauch zu Konstruktionszwecken empfiehlt es sich natürlich, die oben ermittelten partikulären Integrale für die Spannungsausdrücke ein für allemal zu berechnen und zu tabellieren. Beim Ersten Exponentialprofil sind es die Größen (81) und (82), beim Zweiten Exponentialprofil sind es dagegen die Größen (85). Mit ihnen lassen sich die Ergebnisse der beiden vorangehenden Paragraphen wie folgt zusammenstellen bzw. verwenden.

Für eine Scheibe des Ersten (71) bzw. des Zweiten (83) Exponentialprofils sind die Radialspannung σ_r und die Tangentialspannung σ_t durch die Formeln (75), (80), (81), (82) bzw. durch die Formeln (83), (84), (85) gegeben, worin mit den Bezeichnungen der Abb. 18

$$\beta = \frac{2{,}303}{a^{4/3}-r_0^{4/3}} \lg_{10}\left(\frac{h_0}{h_a}\right) \quad \text{bzw.} \quad \beta = \frac{2{,}303}{a^{2/3}-r_0^{2/3}} \lg_{10}\left(\frac{h_0}{h_a}\right) \tag{86}$$

während die Funktionen f, g, φ_1, ψ_1, φ_2, ψ_2 den zugehörigen Normal-Zahlentabellen zu entnehmen sind. Die willkürlichen Integrationskonstanten folgen aus den Randbedingungen.

Das allgemeine Verfahren beim Entwurf einer Scheibe des Ersten oder des Zweiten Exponentialprofils wird demnach in den folgenden Einzeloperationen bestehen:

a) Aus den Werten von r_0, a und h_a (s. Abb. 18), die beim praktischen Entwurf gewöhnlich gegeben sind, und h_0, das angenommen und variiert wird, folgt die Konstante β nach Gleichung (86).

b) Mit der Konstanten β ergeben sich die Werte von y an der Bohrung $(r = r_0)$ und am Außenrande $(r = a)$ nach Gleichung (75) bzw. (83); wir haben dann $y_0 = \beta r_0^{4/3}$, $y_a = \beta a^{4/3}$ bzw. $y_0 = \beta r_0^{2/3}$, $y_a = \beta a^{2/3}$.

c) Für diese zwei Werte von y werden die entsprechenden Werte der Funktionen $f(y)$, $\varphi_1(y)$, $\varphi_2(y)$ der zugehörigen Normal-Tabelle entnommen und in den Ausdruck von σ_r nach (80) bzw. (84) eingesetzt.

d) Aus den zwei Randbedingungen $\sigma_r = 0$ (bzw. $\sigma_r = -p_0$, worin p_0 ein verhältnismäßig kleiner positiver Betrag ist, siehe die Beispiele im nächsten Paragraphen), an der Bohrung $(r = r_0)$ und $\sigma_r = \sigma_a$, worin σ_a ein gegebener Betrag ist, bestimmt durch den Zentrifugalzug der Schaufelung, für $r = a$, ergeben sich mit Hilfe von (80) bzw. (84) die Konstanten K und L.

e) Mit den so gefundenen Werten von K und L lassen sich die Spannungen σ_r und σ_t für jeden Punkt y mit Hilfe der Gleichungen (80) bzw. (84) und der Normal-Tabelle leicht berechnen.

Einige weitere praktische Regeln werden bei der Durchrechnung der weiter folgenden Beispiele besprochen.

Wir bemerken noch, daß es für praktische Zwecke unter Umständen von Vorteil wäre, $r^2 = \beta^{-3/2} y^{3/2}$ in die Glieder (1 : 12) $\varrho\omega^2 r^2 f(y)$ und

$(1:12)\,\varrho\omega^2 r^2 g\,(y)$ der Gleichungen (80) einzuführen. Dann nehmen diese Glieder die Form $(1:12)\,\varrho\omega^2\beta^{-3/2}F\,(y)$ bzw. $(1:12)\,\varrho\omega^2\beta^{-3/2}G\,(y)$ an, worin F und G Funktionen von y allein sind.

Was die Normal-Zahlentabellen betrifft, so ist eine solche für das Erste Exponentialprofil nachstehend beigefügt. Für das Zweite Exponentialprofil läßt sich eine entsprechende Tabelle natürlich sehr viel leichter berechnen.

6. Beispiele zu den Exponentialprofilen. Erstes Beispiel (Abb. 18): Unter Benutzung des Ersten Exponentialprofils sei eine Scheibe für

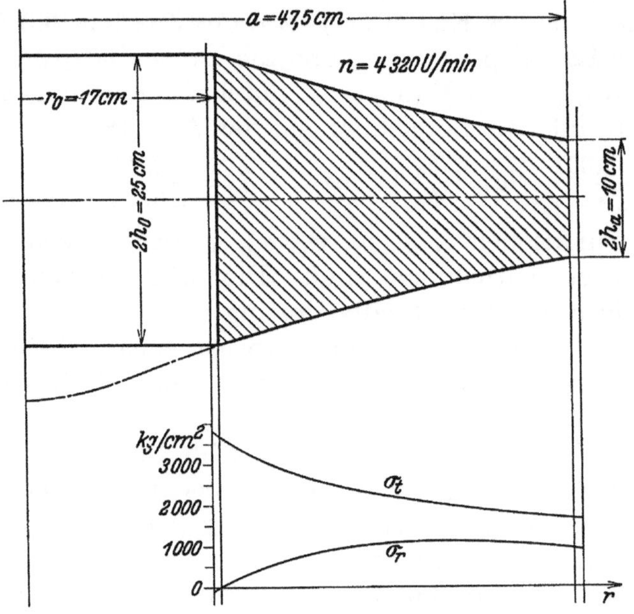

Abb. 18. Erstes Exponentialprofil.

$r_0 = 17{,}0$ cm und $a = 47{,}5$ cm zu berechnen, falls die Randbreite $b = 2\,h_a$, durch die Schaufelabmessungen bestimmt, gleich 10,0 cm vorgeschrieben wird; die Arbeitsgeschwindigkeit möge $n = 3600$ Uml/min betragen, die Radialspannung am Rande $r = a$ der Scheibe, durch den Zentrifugalzug der Schaufelung bestimmt, sei gleich 910 kg/cm² bei 20% Übergeschwindigkeit, die der Rechnung zugrunde gelegt werden soll.

Nach Punkt a) des oben gegebenen Schemas findet man
$$\beta = 0{,}0179\,\lg_{10}\,(2\,h_0:10{,}0)$$

Für das Verhältnis $2\,h_0 : 10{,}0$ setze man nun der Reihe nach die Werte 2,0; 2,5; 3,0 ein. Mit den entsprechenden Werten von β ergeben sich dann nach Punkt b) des Schemas diejenigen von y_0 und y_a, und mit den Randbedingungen $\sigma_{r0} = 0$ bzw. $\sigma_{ra} = 910$ kg/cm² für $n_0 = 1{,}2 \cdot 3600 = 4320$ führt dann die Rechnung nach obigem Schema auf Tangentialspannungen σ_t an der Bohrung, die gleich sind

$$4100 \text{ kg/cm}^2 \qquad \text{für } 2h_0:10,0=2,0$$
$$3650 \text{ kg/cm}^2 \qquad \text{für } 2h_0:10,0=2,5$$
$$3450 \text{ kg/cm}^2 \qquad \text{für } 2h_0:10,0=3,0$$

Die hierdurch gegebene Abhängigkeit der Tangentialspannung an der Bohrung vom Verhältnis $2\,h_0:10,0$ ist in Abb. 19 graphisch dargestellt.

Für $2\,h_0:10,0=1,0$ ist die Ordinate des Diagramms aus den Formeln für die Scheibe gleicher Dicke berechnet worden.

An Hand dieses Diagramms hat man sich für das Verhältnis $h_0:h_a$ zu entscheiden. Im vorliegenden Beispiel nehmen wir $2\,h_0:10,0=2,5$ an, was auf $\beta=0,00713$ führt. Mit diesem Werte ist nun die Spannungsverteilung der Scheibe zu berechnen. Während aber die Berechnung des Diagramms Abb. 19 unter Zuhilfenahme von Interpolationen geschehen darf, empfiehlt es sich, bei der endgültigen Spannungsberechnung genauer vorzugehen. Bei der Benutzung der erwähnten Interpolationen nämlich werden die dadurch eingeführten Fehler im Laufe der Rechnungen mit großen Zahlen multipliziert. Dies beeinträchtigt die Genauigkeit der Resultate. Daher ist es besser, die gegebenen Randbedingungen derart etwas abzuändern, daß die in der Normal-Tabelle gegebenen Zahlenwerte ohne irgendwelche Interpolationen gebraucht werden können. Die hierbei entstehenden Abweichungen vom gesuchten Resultat sind im allgemeinen kleiner als die durch Interpolationen erzeugten Fehler. Außerdem sind diese durch ungenaue Erfüllung der Randbedingungen verursachten Differenzen

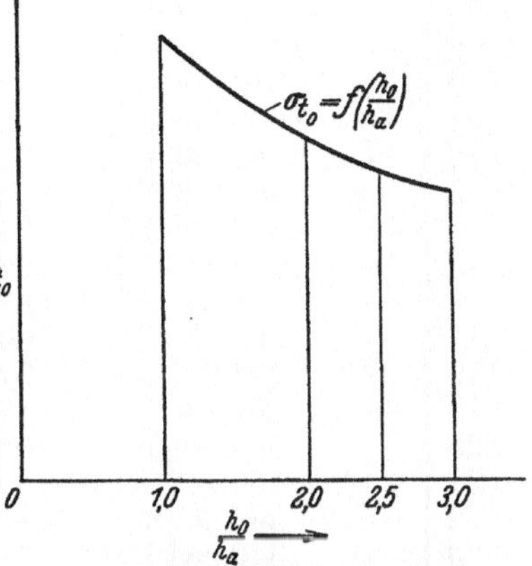

Abb. 19. Zum Einfluß des Verhältnisses $\dfrac{h_0}{h_a}$ auf die Bohrspannung.

Tabelle 7.

r cm	z cm	σ_r atm	σ_t atm
16,50	12,90	−35	3680
27,80	9,55	975	2400
37,70	7,06	1105	1980
43,80	5,80	1030	1770
48,10	4,98	910	1645

auch aus dem Grunde vernachlässigbar, weil in der Praxis die Bedingungen am Rande sowieso nicht genau formuliert werden können.

Die in dieser Weise durchgeführte Rechnung ergibt die in der vorstehenden Tabelle 7 zusammengestellten Resultate. Danach sind Profil und Spannungsverteilung in Abb. 18 eingetragen.

Normal-Zahlentabelle III. (Erstes Exponentialprofil.)

y	$f(y)$	$g(y)$	$\varphi_1(y)$	$\psi_1(y)$	$\varphi_2(y)$	$\psi_2(y)$
0	$-\infty$	∞	$-\infty$	∞	1,0000	1,0000
0,01	−5 939 100,0000	6 100 700,0000	−989,8500	1016,7878	1,0080	1,0054
0,02	− 728 550,0000	775 350,0000	−346,2690	365,5067	1,0161	1,0107
0,03	− 215 255,5555	223 566,6666	−186,4090	202,2745	1,0243	1,0162

Die Exponentialprofile.

Normal-Zahlentabelle III (Fortsetzung).

y	$f(y)$	$g(y)$	$\varphi_1(y)$	$\psi_1(y)$	$\varphi_2(y)$	$\psi_2(y)$
0,04	— 89 775,0000	100 235,0000	—119,6920	133,5710	1,0326	1,0216
0,05	— 45 420,0000	52 140,0000	— 84,6203	97,1567	1,0409	1,0271
0,06	— 25 961,1111	30 671,1111	— 63,5790	75,1387	1,0493	1,0327
0,07	— 16 139,6426	19 647,5199	— 49,8007	60,6103	1,0577	1,0383
0,08	— 10 668,7500	13 368,7500	— 40,2156	50,4292	1,0662	1,0439
0,09	— 7 389,7119	9 542,7982	— 33,2304	42,9563	1,0748	1,0496
0,10	— 5 310,0000	7 070,0000	— 27,9587	37,2783	1,0835	1,0550
0,11	— 3 930,2012	5 497,9696	— 23,8659	32,8409	1,0923	1,0610
0,12	— 2 980,5555	4 225,0000	— 20,6139	29,2935	1,1011	1,0668
0,13	— 2 306,7290	3 376,5495	— 17,9790	26,4017	1,1100	1,0727
0,14	— 1 816,1832	2 746,7961	— 15,8100	24,0079	1,1190	1,0785
0,15	— 1 451,1135	2 268,8915	— 13,9991	21,9987	1,1280	1,0845
0,16	— 1 174,2186	1 899,2186	— 12,4686	20,2920	1,1372	1,0904
0,17	— 960,6935	1 608,4434	— 11,1609	18,8269	1,1464	1,0964
0,18	— 793,6180	1 376,3327	— 10,0334	17,5584	1,1557	1,1025
0,19	— 661,1848	1 188,6070	— 9,0529	16,4544	1,1651	1,1086
0,20	— 555,0000	1 035,0000	— 8,1935	15,4765	1,1745	1,1147
0,21	— 469,1427	907,9636	— 7,4356	14,6142	1,1841	1,1209
0,22	— 398,6078	801,9126	— 6,7623	13,8467	1,1937	1,1271
0,23	— 340,5840	712,6055	— 6,1617	13,1603	1,2034	1,1334
0,24	— 292,3549	636,7936	— 5,6221	12,5417	1,2132	1,1397
0,25	— 252,0000	572,0000	— 5,1361	11,9843	1,2231	1,1461
0,26	— 218,0009	516,2246	— 4,6958	11,4787	1,2331	1,1525
0,27	— 189,4683	468,2058	— 4,2949	11,0175	1,2431	1,1589
0,28	— 164,6505	425,8751	— 3,9294	10,5975	1,2533	1,1655
0,29	— 143,6336	389,0549	— 3,5941	10,2120	1,2635	1,1720
0,30	— 125,5551	356,6661	— 3,2861	9,8580	1,2738	1,1786
0,31	— 109,9346	328,0398	— 3,0017	9,5318	1,2842	1,1852
0,32	— 96,3863	302,6362	— 2,7388	9,2305	1,2947	1,1920
0,33	— 84,5894	279,9977	— 2,4947	8,9517	1,3053	1,1987
0,34	— 74,1617	259,6280	— 2,2677	8,6931	1,3160	1,2055
0,35	— 65,2436	241,5737	— 2,0560	8,4524	1,3268	1,2123
0,36	— 57,3038	225,2043	— 1,8580	8,2283	1,3376	1,2192
0,37	— 50,3008	210,4173	— 1,6725	8,0194	1,3485	1,2262
0,38	— 44,1100	197,0166	— 1,4982	7,8238	1,3596	1,2332
0,39	— 38,6229	184,8422	— 1,3341	7,6408	1,3708	1,2403
0,40	— 33,7500	173,7500	— 1,1794	7,4694	1,3820	1,2474
0,41	— 29,4099	163,6137	— 1,0331	7,3084	1,3933	1,2545
0,42	— 25,5424	154,3402	— 0,8946	7,1572	1,4048	1,2617
0,43	— 22,0848	145,8272	— 0,7633	7,0147	1,4163	1,2690
0,44	— 18,9890	137,9965	— 0,6384	6,8806	1,4280	1,2763
0,45	— 16,2139	130,7818	— 0,5195	6,7539	1,4397	1,2837
0,46	— 13,7213	124,1178	— 0,4062	6,6343	1,4516	1,2911
0,47	— 11,4797	117,9529	— 0,2979	6,5214	1,4635	1,2986
0,48	— 9,4616	112,2390	— 0,1944	6,4147	1,4756	1,3061
0,49	— 7,6420	106,9335	— 0,0952	6,3136	1,4877	1,3137
0,50	— 6,0000	102,0000	— 0,0000	6,2177	1,5000	1,3214
0,51	— 4,5162	97,4031	+ 0,0915	6,1299	1,5124	1,3291
0,52	— 3,1745	93,1146	0,1794	6,0407	1,5249	1,3368
0,53	— 1,9606	89,1087	0,2642	5,9588	1,5374	1,3447
0,54	— 0,8611	85,3600	0,3459	5,8812	1,5502	1,3526
0,55	+ 0,1353	81,8481	0,4249	5,8074	1,5630	1,3605
0,56	1,0388	78,5528	0,5013	5,7371	1,5759	1,3685
0,57	1,8582	75,4575	0,5753	5,6703	1,5889	1,3766
0,58	2,6016	72,5473	0,6469	5,6068	1,6021	1,3847
0,59	3,2765	69,8056	0,7165	5,5464	1,6153	1,3929

Normal-Zahlentabelle III (Fortsetzung).

y	$f(y)$	$g(y)$	$\varphi_1(y)$	$\psi_1(y)$	$\varphi_2(y)$	$\psi_2(y)$
0,60	3,8888	67,2225	0,7841	5,4888	1,6287	1,4011
0,61	4,4419	64,7836	0,8499	5,4339	1,6422	1,4094
0,62	4,9496	62,4800	0,9139	5,3817	1,6559	1,4178
0,63	5,4074	60,2517	0,9763	5,3319	1,6696	1,4262
0,64	5,8228	58,2398	1,0371	5,2845	1,6834	1,4347
0,65	6,1994	56,2857	1,0966	5,2392	1,6974	1,4433
0,66	6,5407	54,4327	1,1547	5,1961	1,7115	1,4519
0,67	6,8496	52,6740	1,2116	5,1550	1,7258	1,4606
0,68	7,1292	51,0019	1,2673	5,1159	1,7401	1,4693
0,69	7,3836	49,4088	1,3218	5,0786	1,7546	1,4781
0,70	7,6094	47,9007	1,3754	5,0430	1,7692	1,4870
0,75	8,4445	41,3331	1,6297	4,8890	1,8442	1,5325
0,80	8,9062	36,0938	1,8662	4,7691	1,9225	1,5797
0,85	9,1227	31,8461	2,0899	4,6774	2,0044	1,6287
0,90	9,1769	28,3539	2,3045	4,6092	2,0899	1,6797
0,95	9,1237	25,4468	2,5133	4,5518	2,1792	1,7326
1,00	9,0000	23,0000	2,7183	4,5305	2,2727	1,7876
1,05	8,8306	20,9200	2,9216	4,5151	2,3701	1,8447
1,10	8,6326	19,1359	3,1248	4,5135	2,4722	1,9042
1,15	8,4178	17,5937	3,3292	4,5242	2,5787	1,9659
1,20	8,1944	16,2499	3,5360	4,5462	2,6902	2,0301
1,25	7,9680	15,0720	3,7462	4,5787	2,8065	2,0969
1,30	7,7424	14,0327	3,9608	4,6210	2,9283	2,1663
1,35	7,5202	13,1108	4,1807	4,6725	3,0555	2,2385
1,40	7,3032	12,2888	4,4065	4,7329	3,1885	2,3135
1,45	7,0926	11,5520	4,6390	4,8018	3,3275	2,3917
1,50	6,8889	10,8890	4,8791	4,8791	3,4729	2,4729
1,55	6,6926	10,2895	5,1272	4,9644	3,6250	2,5575
1,60	6,5039	9,7461	5,3841	5,0578	3,7839	2,6454
1,70	6,1490	8,7993	5,9270	5,2685	4,1238	2,8323
1,80	5,8231	8,0042	6,5132	5,5112	4,4955	3,0348
1,90	5,5241	7,3291	7,1481	5,7865	4,9021	3,2546
2,00	5,2500	6,7500	7,8373	6,0957	5,3468	3,4922
2,10	4,9983	6,2488	8,5869	6,4402	5,835	3,750
2,20	4,7671	5,8113	9,4036	6,8223	6,368	4,030
2,30	4,5541	5,4269	10,2941	7,2440	6,951	4,335
2,40	4,3576	5,0867	11,2663	7,7085	7,589	4,665
2,50	4,1760	4,7840	12,3271	8,2184	8,282	5,024

Zweites Beispiel (Abb. 20): Unter Verwendung des Zweiten Exponentialprofils die gleiche Scheibe wie im ersten Beispiel zu berechnen. Mit $h_0 : h_a = 2{,}5$ erhalten wir hier

$$\beta = \frac{2{,}303}{47{,}5^{2/3} - 17{,}0^{2/3}} \lg_{10}\left(\frac{2h_0}{10{,}0}\right) = 0{,}263.$$

Nach der Formel $y = \beta r^{2/3}$ ergeben sich die Werte von y an der Bohrung ($r = r_0$) und am Außenrande ($r = a$). In die weiteren Rechnungen führen wir nun die abgerundeten Werte $y_0 = 0{,}93$ und $y_a = 1{,}86$ ein, den praktischen Regeln entsprechend, die wir oben angegeben haben. Mit

$$\sigma_{r0} = -20 \ \text{kg/cm}^2 \qquad \text{für} \ \ y = y_0 = 0{,}93$$
$$\sigma_{ra} = 925 \ \text{kg/cm}^2 \qquad \text{für} \ \ y = y_a = 1{,}86$$

erhalten wir aus unseren Gleichungen (84)

$$K = 3740 \text{ kg/cm}^2 \qquad L = 2070 \text{ kg/cm}^2 .$$

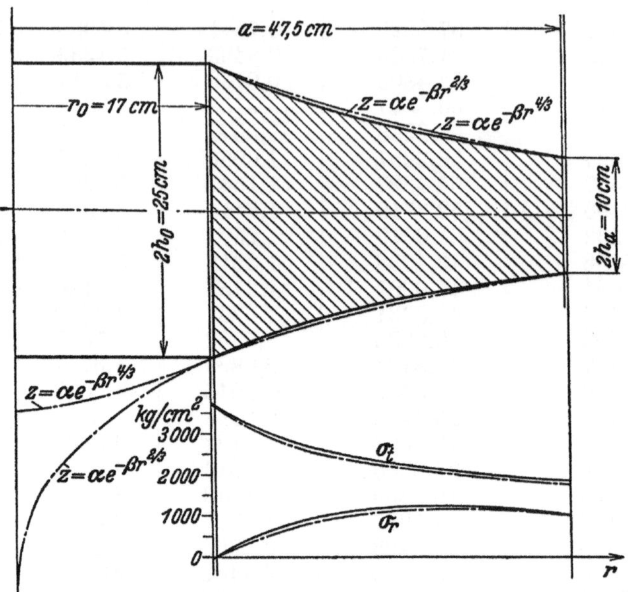

Abb. 20. Zweites Exponentialprofil.

Unter Benutzung dieser Werte von K und L und desjenigen von β ergibt sich die folgende Tabelle für das Profil bzw. für die Spannungsverteilung. Das errechnete Profil und die Spannungsverteilung sind in der Abb. 20 dargestellt. Zum Vergleich sind in dieser Abbildung auch das Profil und die Spannungsverteilung des ersten Beispiels punktiert mit eingezeichnet. Man beachte den stetigen Charakter der Spannungsverteilung gegenüber Profiländerungen.

Tabelle 8.

r cm	z cm	σ_r atm	σ_t atm
16,90	12,90	—20	3730
18,85	12,05	327	3340
26,35	9,35	965	2550
34,55	7,29	1200	2160
43,50	5,66	1100	1870
47,85	5,08	930	1725

7. Vergleich der beiden Exponentialprofile miteinander. Selbstverständlich ist ein Vergleich der beiden Exponentialprofile miteinander von erheblichem praktischem Interesse. Es mögen die beiden Profilkurven

$$z_I = \alpha_I e^{-\beta_1 r^{4/3}} \qquad z_{II} = \alpha_{II} e^{-\beta_2 r^{2/3}}$$

die zwei Punkte

$$r = r_0 \qquad z = z_0$$

und

$$r = a \qquad z = z_a$$

miteinander verbinden. Dann ist

$$\alpha_I e^{-\beta_1 r_0^{4/3}} = \alpha_{II} e^{-\beta_2 r_0^{2/3}}$$

$$\alpha_I e^{-\beta_1 a^{4/3}} = \alpha_{II} e^{-\beta_2 a^{2/3}} .$$

Aus diesen beiden Gleichungen folgt

$$z_{II} : z_I = e^{\beta_2 \, (a^{2/3} - r^{2/3}) \, (r_0^{2/3} - r^{2/3})} \, .$$

Diese letzte Gleichung zeigt, daß z_{II} stets kleiner ist als z_I, falls sich die beiden Kurven in den Randpunkten $r = r_0$ und $r = a$ schneiden. Die Profilkurve I (Erstes Exponentialprofil) hat in $r = 0$ eine wagerechte Tangente, die Profilkurve II (Zweites Exponentialprofil) hat daselbst eine senkrechte Tangente (s. Abb. 20).

Aus dieser geometrischen Betrachtung schließt man an Hand der bis zur Drehachse fortgesetzten Profilkurven, daß die beiden Exponentialprofile bei dicken Scheiben mit großer Bohrung meistens wenig voneinander verschieden sein werden (Abb. 18 und 20). Ist aber die Bohrung verhältnismäßig klein und lang, so ergibt das Zweite Exponentialprofil in der Regel eine erheblich schlankere Scheibe (s. Abb. 21 im nächsten Paragraphen).

8. Vorteile der Exponentialprofile. Im praktischen Gebrauch für Konstruktionszwecke bieten die oben gegebenen Exponentialprofile in mehrfacher Beziehung wesentliche Vorteile, die hier näher besprochen bzw. zusammengestellt werden sollen.

Wir wissen, daß es im Falle einer analytischen Lösung praktisch sehr wichtig ist, eine mit enger Intervalleinteilung ausgearbeitete Normal-Tabelle der in Frage kommenden Größen zu besitzen. Wir haben gesehen, daß dies oft sehr mühevolle Arbeit erfordert und deswegen sonst nur in einem beschränkten Maße möglich ist. Bei den in diesem Kapitel gebotenen Lösungen dagegen handelt es sich bei den Tabellenberechnungen um einfache Ausdrücke mit nur zwei verhältnismäßig schnell konvergierenden unendlichen Reihen im Falle des Ersten Exponentialprofils und um solche frei von unendlichen Reihen im Falle des Zweiten Exponentialprofils. Da die Exponentialfunktion (ebenso wie die quadratischen und kubischen Zahlen und Wurzeln) sehr ausgiebig tabelliert sind[1], so kann insbesondere auch beim Zweiten Exponentialprofil eine Normal-Tabelle mit sehr enger Intervalleinteilung bequem ausgearbeitet werden. Eine zusätzliche Potenztabelle für die Exponenten $4/3$ und $2/3$ würde die Scheibenrechnungen noch weiter vereinfachen.

In zweiter Linie bieten die Rechnungen mit den Exponentialprofilen insofern einen Vorteil, als diese Lösungen dem Ähnlichkeitsprinzip genügen, wie wir gleich sehen werden. Vermöge dieses für die neuzeitige technische Forschung grundlegenden Prinzips[2] kann die Ermittlung der in Frage kommenden Funktion dadurch vereinfacht werden, daß die Abhängigkeit von den unabhängigen Veränderlichen durch eine

---

[1] Eine gute Tabelle der bezeichneten Größen findet man z. B. in der „Hütte, des Ingenieurs Taschenbuch", Bd. 1 (1931); siehe ferner auch Emde u. Jahnke, Funktionen und Funktionentafeln; dort findet man auch weitere Literaturangaben.

[2] Siehe z. B. H. Groeber u. S. Erk, Die Grundgesetze der Wärmeübertragung, S. 121—128. Berlin: Julius Springer 1933.

Abhängigkeit von gewissen Funktionen der letzteren ersetzt wird, natürlich vorausgesetzt, daß dies im betreffenden Falle überhaupt möglich ist. Dann ist die Anzahl der beim Experimentieren bzw. bei der Rechnung zur Herstellung einer Tabelle zu variierenden Größen geringer, und die erforderliche Arbeit ist reduziert. Ist z. B. die Funktion Q von der Argumenten x_1, x_2, ..., x_{15} abhängig, oder in Zeichen

$$Q = F(x_1, x_2, \ldots, x_{15}),$$

und weiß man, daß

$$F(x_1, x_2, \ldots, x_{15}) = G\left[f_I(x_1, x_2, \ldots, x_6), f_{II}(x_7, x_8, \ldots, x_{11}), \atop f_{III}(x_{12}, \ldots, x_{15})\right] \quad (87$$

so hat man, um den Verlauf der Funktion Q zu kennen, das Verhalten der Funktion G in Abhängigkeit von den drei Größen f_I, f_{II}, f_{III} zu studieren. Existiert also eine Funktion G nach (87), so hat man statt einer Funktion von 15 Argumenten in der Hauptsache eine solche von nur 3 Argumenten, falls f_I, f_{II}, f_{III} bekannte Funktionen sind.

Nun haben wir oben (1. Kapitel, § 6 und 4. Kapitel, § 2) ein Ähnlich keitsgesetz des Scheibenproblems bereits kennengelernt. Bei jenem von Profil unabhängigen allgemeinen Ähnlichkeitsgesetz des Scheibenproblem haben wir es mit einer einzigen Funktion der eben mit f_I, f_{II}, ... bezeich neten Klasse von Funktionen zu tun; die Argumente dieser Funktio $r\omega$ sind r, ω; sie setzt demnach Scheiben verschiedener Winkel geschwindigkeit in Beziehung zueinander. Das Ähnlichkeitsgesetz de Exponentialprofile ist von anderer Natur. Wir haben gesehen (4. Kapite § 6), daß die drei partikulären Integrale der Verschiebung bzw. de Spannungskomponenten bei den spezielleren analytischen Lösunge Funktionen von r und eines konstanten Parameters sind. Die Abhängig keit der partikulären Integrale vom Parameter ist eine komplizierte be der hyperboloidischen Scheibe und eine einfache bei der konische Scheibe. Im Falle der Exponentialprofile aber sind die partikuläre Integrale Funktionen eines einzigen Argumentes, nämlich von

$$y = \beta r^{4/3} \quad \text{bzw.} \quad y = \beta r^{2/3},$$

sie genügen, mit anderen Worten, einem zusätzlichen Ähnlichkeitsgeset und insofern sind die zugehörigen Rechnungen eindimensional, währen sie bei anderen spezielleren analytischen Lösungen zweidimensional sin

Einen weiteren Vorteil bietet die Tatsache, daß die beiden Expone tialprofile eine ausgezeichnete gegenseitige Kontrolle gestatten, wie w im § 6 dieses Kapitels gesehen haben (vgl. hierzu insbesondere Abb. 2C und daß beim Zweiten Exponentialprofil ein Nachrechnen der part kulären Integrale stets ohne Schwierigkeiten möglich ist.

Die Geschlossenheit der bei den Exponentialprofilen verwendete Ausdrücke bzw. die geringe Anzahl der bei ihnen vorkommenden unen lichen Reihen, das Gelten eines Ähnlichkeitsgesetzes für die partikuläre Integrale, die gegenseitige Kontrolle in Verbindung mit der Möglichke eines Nachprüfens der Tabellenwerte erleichtern die Handhabung bei der Ausarbeitung der Normal-Tabellen bzw. im praktischen Gebrauch im Konstruktionsbureau. Diesen Vorteilen in der Handhabung schließen sich aber weitere Vorteile in bezug auf die Frage der technischen Realisierbarkeit und Verwendbarkeit der Exponentialprofile beim praktischen Scheibenentwurf an.

Bei der Besprechung der hyperboloidischen Scheibe haben wir gesehen, daß die an der Nabe häufig zu stark werdende Profilkrümmung zu mehr oder weniger starken Abänderungen der Profilkurve im betreffenden Scheibenteil zwingt, wodurch die Grundlage einer zuverlässigen Spannungsberechnung verlassen wird. Vom „theoretischen" hyperbolischen Profil kommt man dabei auf das „tatsächliche" hyperbolische Profil, das eine bessere Spannungsverteilung in der Nähe der Bohrung verbürgt. Wie aus Abb. 21 nun geschlossen werden kann, wird das Zweite Exponentialprofil in solchen Fällen in der Regel die „tatsächliche" hyperboloidische Scheibe ergeben, und zwar mit weniger Rechnung und in genauerer Weise.

Bei Scheiben mit langer Nabe tritt somit an Stelle der „theoretischen" unteren Profilgrenze, dargestellt durch die hyperboloidische Scheibe, die „tatsächliche" untere Grenze, dargestellt durch das Zweite Exponentialprofil.

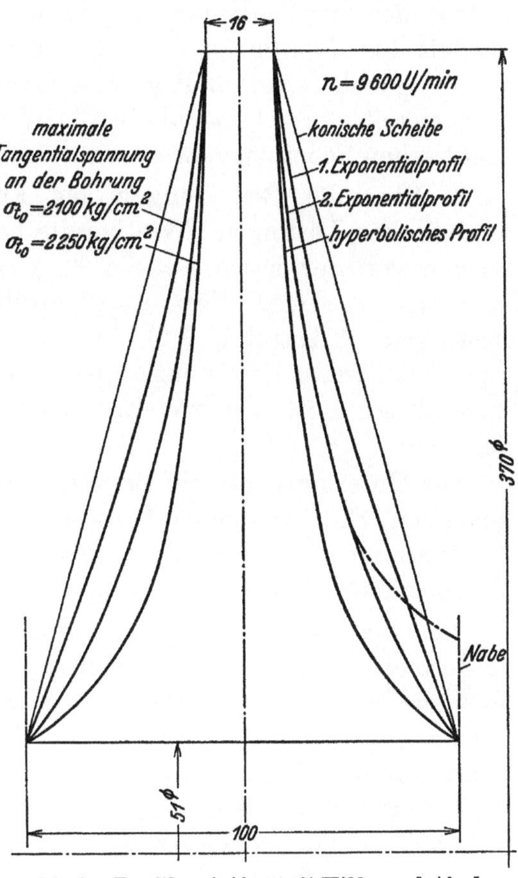

Abb. 21. Profilvariation mit Hilfe analytischer Lösungen.

Verbindet man die Randpunkte des letzteren durch eine Gerade, so erhält man die die obere Profilgrenze darstellende konische Scheibe, und nimmt man noch das zwischenliegende Erste Exponentialprofil zwischen den beiden Randpunkten hinzu, so hat man in den zugehörigen Spannungsverteilungen grundsätzlich ein praktisch meistens vollkommen hinreichendes Bild für die Spannungsverteilung jeder beliebigen Scheibe, deren Profilkurve in das bezeichnete Gebiet zwischen den Grenzprofilen fällt. Nachdem man in Scheibenberechnungen dieser Art eine gewisse Übung erlangt hat, übersieht man beim Entwurf den Einfluß von Profiländerungen auf

Grund des Stetigkeitsprinzips sehr schnell. Damit hat man dann ein gewisses Äquivalent für die beim graphischen Verfahren mögliche Variation der Profilkurve.

Zusammenfassend können wir also sagen, daß die Vorteile der Exponentialprofile die folgenden sind: 1. eine gegenüber der hyperboloidischen Scheibe gleichmäßigere Spannungsverteilung an der Bohrung infolge der schwächeren Krümmung; 2. einfache mathematische Darstellung; 3. das Gelten des Ähnlichkeitsprinzips; 4. gegenseitige Kontrolle bzw. Möglichkeit des Nachprüfens; 5. Gewährleistung einer hinreichenden Variationsmöglichkeit innerhalb gewisser Grenzen; 6. zuverlässige Darstellungsmöglichkeit der „tatsächlichen" hyperboloidischen Scheibe. Für den praktischen Scheibenentwurf sind diese Vorteile durchaus schwerwiegend.

9. Über die Beziehungen der Exponentialprofile zu allgemeineren analytischen Lösungen. Wie bereits bemerkt, erhält man aus (58) Profilkurven von der Form $z = Ce^{-y}$, $y = \beta r^m$, wenn man in jener Formel $r_0^m = n \to \infty$ setzt. Für $m = 2$ ergibt sich damit die Scheibe gleicher Festigkeit (2. Kapitel, § 2), für $m = \frac{1}{3}$ und $m = \frac{2}{3}$ dagegen das Erste bzw. das Zweite Exponentialprofil. Dies hat bei den in diesem Kapitel angeführten Lösungen zur Entstehung der Prioritätsfrage Veranlassung gegeben[1].

Die Unterlagen für die Beurteilung dieser Frage findet man in vorangehenden Erörterungen. Insbesondere sei der Leser hiermit auf die Ausführungen im Schlußparagraphen des 3. Kapitels verwiesen. Die Hauptpunkte mögen hier kurz zusammengestellt werden.

Der Gegenstand des Scheibenproblems ist durch die beiden Hauptforderungen des § 1 der Einleitung gekennzeichnet. Eine analytische Lösung des Scheibenproblems besteht danach in der Aussonderung einer geeignet beschaffenen Profilkurvenschar, bei der sich technisch nützliche Lösungen mit mathematisch einfachen Mitteln beherrschen lassen. Eine allgemeinere Profilklasse, aus der eine engere Schar der eben bezeichneten Art durch Spezialisierung erhalten werden kann, ist aus diesem alleinigen Grunde noch nicht Träger oder Ursprung des der spezielleren Lösung innewohnenden technischen Wertes. Dahingegen wesentlich ist die Frage, ob bzw. inwiefern die allgemeinere Lösung auf die Gesichtspunkte hinführt, die die Aussonderung der technisch nützlichen Profilklasse ergeben. Wir erinnern dabei an das Beispiel im 4. Kapitel, § 3 und an dasjenige der Scheibe gleicher Festigkeit im Schlußparagraphen des 3. Kapitels. Mit Rücksicht auf die eben genannten Hauptforderungen der Einleitung sind die konstruktiven und die mathematischen Eigenschaften der Exponentialprofile Fundamentaleigenschaften der Lösung in einem ähnlichen Sinne, wie bei der Scheibe gleicher Festigkeit.

---

[1] Siehe hierzu Schweiz. Bauztg. Bd. 104 Nr. 9 (1. Sept. 1934) S. 98.

Diese Argumente werden bei einer Beurteilung der Prioritätsfrage kaum unbeachtet bleiben dürfen. Danach möge eine solche Beurteilung dem Leser überlassen werden.

Sechstes Kapitel.

Nebenfragen der Scheibenberechnung.

1. Vorbemerkungen. Unter den nachstehend behandelten Nebenfragen der Scheibenberechnung mag hier zuerst die Frage der durch das Aufschrumpfen (s. Einleitung, § 2) hervorgerufenen Spannungsverteilung der ruhenden Scheibe hervorgehoben werden. Diese spezielle Aufgabe wird im erweiterten Rahmen einer Betrachtung über die Spannungsverteilung in Abhängigkeit von der zu variierenden konstanten Winkelgeschwindigkeit erledigt. Diese Erweiterung ist für eine bessere Kenntnis der Materialbeanspruchung der Scheibe wichtig. Zur Ermittlung des Spannungszustandes der ruhenden bzw. mit variierender Winkelgeschwindigkeit rotierenden Scheibe gehört aber zunächst eine Formulierung der mit der Winkelgeschwindigkeit variierenden Randbedingung an der Bohrung. Die Herleitung dieser Randbedingung bildet daher den Ausgangspunkt der nachstehenden Betrachtung, deren Schlüsse sich dann auch auf den Fall einer Scheibe mit Nabenaussparung ausdehnen lassen. Ergänzungsweise wird auch die Frage der Wellenbeanspruchung durch die Schrumpfpressung erörtert. Ausführliche Behandlung wird der Frage des Einflusses der Ausgleichslöcher (Einleitung, § 2) auf die Spannungsverteilung der rotierenden Scheibe zuteil. Den Schluß bilden einige Bemerkungen zur Frage der Berechnung einer vorgegebenen Scheibe.

2. Zur Formulierung der Randbedingungen am Bohrrande. Sofern wir uns auf die Betrachtung von Winkelgeschwindigkeiten beschränken, bei denen gegenseitige Berührung und Druckübertragung zwischen Rad und Welle nicht aufhören (s. Einleitung, § 2), dürfen wir bei einer strengen Formulierung der Randbedingungen an der Bohrung nur sagen, daß sowohl die Radialverschiebung als auch die Radialspannung bei Welle und Rad an der Bohrung dieselben und auch in bezug auf die Mittelebene des Rades symmetrisch sind. Dies ist natürlich eine durchaus komplizierte Randbedingung, oder vielmehr die Randbedingung eines Doppelproblems, insofern als Scheibe und Welle hierbei in gegenseitigem Zusammenhange gerechnet werden müssen.

Immerhin, wenn auch die Verschiebungs- und Spannungsverteilung am Bohrrande in der Axialrichtung nicht gleichmäßig sein wird, so dürfen wir doch annehmen, und diese Annahme liegt den technischen Berechnungen zugrunde, daß der Ungleichförmigkeitsgrad für praktische Zwecke vernachlässigbar klein ist, ganz analog dem in Kapitel 1, §§ 3, 4 geschilderten Sachverhalt. Jenen Betrachtungen gegenüber als neu tritt hier allerdings der Umstand hinzu, daß über die Ausdehnungsmöglichkeiten der Welle in der Längsrichtung gewisse Voraussetzungen zu machen sind[1], bei denen die Reibung zwischen Welle und Radnabe berücksichtigt werden muß.

Ein weiteres Eingehen auf das hiermit bezeichnete Problem in der gekennzeichneten allgemeinen Gestalt im Rahmen der mathematischen Elastizitätslehre kommt hier nicht in Frage. Wir beschränken uns auf die Feststellung, daß das Problem der durch die Schrumpfpressung beanspruchten Welle in der technischen Literatur näherungsweise als ein Problem des ebenen Spannungszustandes behandelt wird[2], wonach also nicht nur die Radialverschiebung und die Radialspannung am Bohrrande außer von ω nur vom Radius r abhängig sind, sondern überdies die Wellenquerschnitte spannungsfrei werden (vgl. hierzu den folgenden Paragraphen). Aus dieser Voraussetzung wollen wir nun die Randbedingungen der mit variierender Winkelgeschwindigkeit ω rotierenden Scheibe herleiten.

3. Herleitung der Randbedingungen. Wir bezeichnen mit

d den Innendurchmesser der Scheibe in undeformiertem (Ruhe-) Zustand,

D den Wellendurchmesser im gleichen Zustand,

u_0 die Radialverschiebung der Scheibe $\Big\}$ für $r = r_0$, $0 \leqslant \omega \leqslant \omega^*$,
u_0' die Radialverschiebung der Welle

worin ω^* die Übergeschwindigkeit ist (s. Einleitung, § 2), bei der die als gleichmäßig vorausgesetzte gegenseitige Druckübertragung gerade aufhört. Mit diesen Bezeichnungen muß offenbar die Beziehung

$$d + 2u_0 = D + 2u_0'$$

gelten. Danach ist das Schrumpfmaß

$$\Delta = \tfrac{1}{2}(D - d) = u_0 - u_0'$$

Nun ist aber nach unseren Gleichungen (19a)

$$u_0 = \frac{\sigma_{t0} - \nu\,\sigma_{r0}}{E}\, r_0 \qquad u_0' = \frac{\sigma_{t0}' - \nu\,\sigma_{r0}'}{E}\, r_0,$$

worin der Index Null überall auf die Zugehörigkeit zu $r = r_0$, der Strich dagegen auf die Zugehörigkeit zur Welle hinweist. Also ist das Schrumpfmaß wegen $\sigma_{r0}' = \sigma_{r0}$

$$\Delta = \frac{r_0}{E}\,(\sigma_{t0} - \sigma_{t0}').$$

Benutzt man nun für die Welle die zweite der Formeln (35) für die Scheibe gleicher Dicke mit $K_2 = 0$ (im Falle einer nicht durchbohrten

---

[1] Vgl. hierzu (für den Fall $\omega = 0$) A. E. H. Love, Theory of Elasticity, 1927 S. 144.

[2] Vgl. hierzu Kapitel 1, § 3, namentlich die auf (13a) und (14a) bezüglichen Ausführungen zur ruhenden Scheibe, ferner A. Stodola, Dampf- und Gas-Turbinen, 1922 S. 337, Abschnitt d.

Welle), wobei wir bemerken, daß jene Formeln dem ebenen Spannungszustande entsprechen, so folgt

$$\sigma'_{t\,0} - \sigma'_{r\,0} = \sigma'_{t\,0} - \sigma_{r\,0} = \tfrac{1}{4}\varrho\,(1-v)\,\omega^2 r_0^2\,.$$

Damit erhalten wir

$$E\,\frac{\varDelta}{r_0} = \sigma_{t\,0} - \sigma_{r\,0} - \frac{1}{4}\varrho\,(1-v)\,\omega^2 r_0^2\,. \tag{88}$$

Es ist leicht zu sehen, daß der letzte Summand rechts innerhalb der zugelassenen Ungenauigkeitsgrenzen liegt[1]. Wir haben am Schluß des § 4 des 2. Kapitels nämlich gefunden, daß im Falle eines frei rotierenden dünnen Ringes $\sigma_t = \varrho\omega^2 a^2$. Bei einer rotierenden durchbohrten Scheibe vom Radius a ist die Tangentialspannung an der Bohrung der Größenordnung nach damit vergleichbar[2]. Also handelt es sich in dem in Frage stehenden Falle roh um das Verhältnis $\tfrac{1}{4}(1-v)\,(r_0 : a)^2 : 1$. Rechnet man z. B. unter Zugrundelegung der im 5. Kapitel behandelten Aufgaben mit einer Umfangsgeschwindigkeit $\omega^* a$ des Kranzes gleich 22000 cm/sec und mit dem keinesfalls geringen Bohrradius $r_0 \simeq \tfrac{1}{3}a$, so wird bei dem oben angegebenen Werte $\varrho = 8 \cdot 10^{-6}$ kgsec^2/cm^4

$$\frac{1}{4}\varrho\,(1-v)\,\omega^2 r_0^2 = \frac{1}{4}\cdot 8 \cdot 10^{-6}\,(1-v)\,\frac{1}{3^2}\,22000^2 = \sim 70 \text{ kg/cm}^2; \tag{89}$$

mit den in den Beispielen errechneten Spannungsgrößen $\sigma^*_{t_0} \simeq 3500$ kg/cm^2, $\sigma^*_{r_0} \simeq 0$ bedeutet der Betrag (89) etwa 2% des Gesamtbetrages (88). Allgemein wird mit praktisch hinreichender Genauigkeit

$$\sigma_{t\,0} - \sigma_{r\,0} = \text{konst.} = E\,\frac{\varDelta}{r_0} \qquad \text{für } r = r_0 \qquad 0 < \omega < \omega^*\,. \tag{90}$$

Dies ist die gesuchte Randbedingung des Bohrrandes.

Am Außenrande dagegen hat man offenbar

$$\sigma_r \underset{(r=a)}{=} \sigma_a \left(\frac{\omega}{\omega^*}\right)^2\,. \tag{91}$$

4. Die Spannungsverteilung der ruhenden Scheibe. Das Problem der Spannungsverteilung der ruhenden Scheibe beliebigen Profils kann nun mit praktisch befriedigender Genauigkeit durch Zurückführung auf das analoge Problem der Scheibe gleicher Dicke gelöst werden.

Bezeichnet man die auf den Ruhezustand bezüglichen Größen durch Überstreichen, so hat man nach (90), (91) allgemein, d. h. für jedes Profil

$$\left.\begin{aligned} \bar\sigma_{t\,0} - \bar\sigma_{r\,0} &= \sigma^*_{t\,0} - \sigma^*_{r\,0} = \sigma^*_{t\,0} \\ \bar\sigma_r \underset{(r=a)}{=} {}& 0\,. \end{aligned}\right\} \tag{92}$$

Nach (34) ist für die Scheibe gleicher Dicke

$$\bar\sigma_r = \bar\sigma_{r\,0}\,\frac{r_0^2}{a^2 - r_0^2}\left(\frac{a^2}{r^2} - 1\right)$$

$$\bar\sigma_t = -\,\bar\sigma_{r\,0}\,\frac{r_0^2}{a^2 - r_0^2}\left(\frac{a^2}{r^2} + 1\right)\,.$$

---

[1] Vgl. hierzu A. Stodola, a. a. O., S. 337, Gleichung (13).
[2] Siehe die graphische Darstellung im oben erwähnten Artikel von H. M. Martin in Verbindung mit Abb. 19 dieser Schrift.

Hierin ist die zweite der Randbedingungen (92) bereits erfüllt. Benutzt man auch die erste dieser Randbedingungen, so wird schließlich

$$\bar{\sigma}_r = -\frac{1}{2}\sigma_{t0}^* \left(\frac{r_0}{a}\right)^2\left[\left(\frac{a}{r}\right)^2 - 1\right] \left.\right\}$$
$$\bar{\sigma}_t = \frac{1}{2}\sigma_{t0}^* \left(\frac{r_0}{a}\right)^2\left[\left(\frac{a}{r}\right)^2 + 1\right]. \left.\right\} \tag{93}$$

Die durch das Gleichungssystem (93) gegebene Spannungsverteilung ist in Abb. 22 dargestellt. An Hand dieser Darstellung kommt man zum folgenden Schluß: Sobald das Verhältnis a/r_0 einen bestimmten Wert, sagen wir etwa den Wert 3, überschreitet, so ändert sich die Spannungsverteilung des Ruhezustandes in der Scheibe gleicher Dicke mit wachsendem Außenradius a nicht mehr wesentlich; die Größtwerte der Absolutbeträge von $\bar{\sigma}_r$ und $\bar{\sigma}_t$ treten immer an der Bohrung auf, wo sie rund 40% bzw. 60% des Betrages von $\sigma_{t_0}^*$ erreichen. Mit anderen Worten, nur die Scheibenteile in der Umgebung der Bohrung tragen im wesentlichen die Schrumpfbelastung des Ruhezustandes[1].

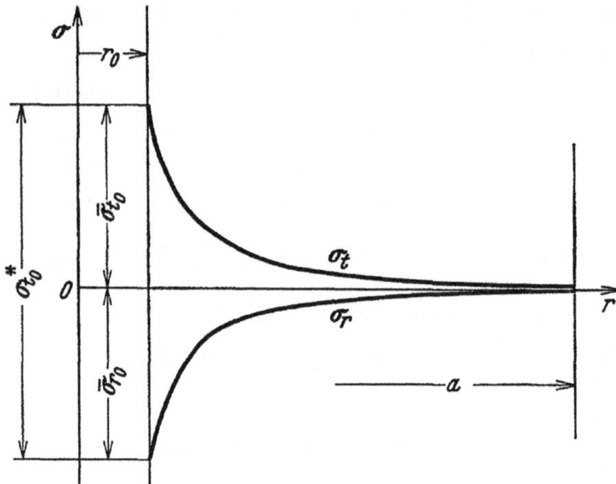

Abb. 22. Spannungsverteilung der Scheibe gleicher Dicke im Ruhezustande.

Nun zerlege man die Scheibe gleicher Dicke in mehrere konzentrische Ringe. Je größer der mittlere Ringdurchmesser, desto geringer ist, wie wir gesehen haben, der Einfluß des Ringes auf die Spannungsverteilung der Scheibe im Ruhezustande. Daher ändert sich an der Spannungsverteilung (93) verhältnismäßig wenig, wenn wir die Ringe nach dem Außenrande hin immer dünner und dünner machen. Dies führt aber zum Schluß, daß die Spannungsverteilung (93) in erster Näherung auch für Scheiben beliebigen Profils gilt.

Das eben erhaltene allgemeine Resultat soll nun an einem praktischen Beispiele verifiziert werden. Doch wollen wir die Frage in etwas erweiterter Form behandeln und die Scheibe als mit variierender Winkelgeschwindigkeit rotierend betrachten.

5. Spannungsverteilung bei variierender Geschwindigkeit. Die allgemeine Lösung des Problems der rotierenden Scheibe möge in der Gestalt

$$\sigma_r = A\,\omega^2 H_1(r) + K F_1(r) + L G_1(r) \left.\right\}$$
$$\sigma_t = A\,\omega^2 H_2(r) + K F_2(r) + L G_2(r) \left.\right\} \tag{94}$$

---

[1] Vgl. A. Foeppl, Festigkeitslehre, § 56 („Dickwandige Röhren“).

vorliegen, worin A eine gewisse durch das Profil bestimmte Konstante ist, während K und L willkürliche Integrationskonstanten und $H_1(r)$, $H_2(r)$, $F_1(r)$, $F_2(r)$, $G_1(r)$, $G_2(r)$ die partikulären Integrale des Problems für die gewählte spezielle Profilkurve sind. Wir stellen uns die Aufgabe, die Konstanten K und L, die bei den üblichen Berechnungen für $\omega = \omega^*$ ermittelt werden, als Funktionen von ω zu finden. Dann ist die Spannungsverteilung der Scheibe für jedes ω im Gebiet $0 \leqslant \omega \leqslant \omega^*$ bekannt.

Nach (90) und (91) ist, wenn man mit $\sigma_r(\omega)$ und $\sigma_t(\omega)$ die der Winkelgeschwindigkeit ω entsprechenden Spannungswerte bezeichnet, am Bohrrande $r = r_0$

$$\sigma_{t0}(\omega) - \sigma_{r0}(\omega) = \sigma_{t0}^*$$

und am Außenrande $r = a$

$$\sigma_r(\omega) \underset{(r=a)}{=} \sigma_a^* \left(\frac{\omega}{\omega^*}\right)^2 .$$

Setzt man diese Randbedingungen in (94) ein, so folgt

$$\left.\begin{aligned}
A\,\omega^2 [H_2(r_0) - H_1(r_0)] + K[F_2(r_0) - F_1(r_0)] + \\
+ L[G_2(r_0) - G_1(r_0)] = \sigma_{t0}^* \\
A\,\omega^2 H_1(a) + K F_1(a) + L G_1(a) = \sigma_a^* \left(\frac{\omega}{\omega^*}\right)^2 .
\end{aligned}\right\} \quad (95)$$

Dies sind zwei Gleichungen zur Bestimmung der Größen K und L als Funktionen von ω. Sind diese Funktionen ermittelt, so ist das Problem der mit ω variierenden Spannungsverteilung gelöst. Man sieht leicht ein, daß die Formeln (94) damit die allgemeine Gestalt

$$\sigma_r = \Phi_1(r) + \omega^2 \Psi_1(r)$$
$$\sigma_t = \Phi_2(r) + \omega^2 \Psi_2(r)$$

annehmen, worin $\Phi_1(r)$, $\Phi_2(r)$, $\Psi_1(r)$, $\Psi_2(r)$ gewisse Funktionen von r sind. Mit anderen Worten, die Spannungen variieren proportional mit ω^2, wobei der Proportionalitätsfaktor eine Funktion von r ist.

Beispielsweise ist im Falle der Scheibe gleicher Dicke

$$A = -\frac{1}{8}\varrho; \quad H_1(r) = (3 + v)\,r^2; \quad H_2(r) = (1 + 3v)\,r^2; \quad F_1(r) = F_2(r) = 1;$$

$$G_1(r) = -\frac{1}{r^2}; \qquad G_2(r) = \frac{1}{r^2} .$$

Also lauten die Gleichungen für K und L wegen der Kleinheit des Betrages (89)

$$\sigma_{t0}^* = \frac{1}{4}(1 - v)\,\varrho\,\omega^2 r_0^2 + \frac{2}{r_0^2} L = \sim \frac{2}{r_0^2} L$$

$$\sigma_a^* \left(\frac{\omega}{\omega^*}\right)^2 = -\frac{3 + v}{8}\varrho\,\omega^2 a^2 + K - \frac{L}{a^2} .$$

Die Integrationskonstanten sind danach

$$K = \sigma_a^* \left(\frac{\omega}{\omega^*}\right)^2 + \frac{3 + v}{8}\varrho\,\omega^2 a^2 + \frac{1}{2}\left(\frac{r_0}{a}\right)^2 \sigma_{t0}^*; \qquad L = \frac{1}{2} r_0^2\,\sigma_{t0}^* .$$

Daher ist für die Scheibe gleicher Dicke

$$\sigma_r(\omega) = \frac{3+\nu}{8}\,\varrho\,\omega^2\,(a^2 - r^2) + \frac{1}{2}\,r_0^2\left(\frac{1}{a^2} - \frac{1}{r^2}\right)\sigma_{t0}^* + \sigma_a^*\left(\frac{\omega}{\omega^*}\right)^2$$

$$\sigma_t(\omega) = \frac{1}{8}\,\varrho\,\omega^2\left[(3+\nu)\,a^2 - (1+3\nu)\,r^2\right] + \frac{1}{2}\,r_0^2\,\sigma_{t0}^*\left(\frac{1}{a^2} + \frac{1}{r^2}\right) + \sigma_a^*\left(\frac{\omega}{\omega^*}\right)^2$$

für jede Winkelgeschwindigkeit ω, die der Beziehung $0 \leqslant \omega \leqslant \omega^*$ genügt.
Dabei erinnern wir, daß σ_{t0}^* und σ_a^* die bei 20% Übergeschwindigkeit auftretenden Tangentialspannung an der Bohrung $r = r_0$ bzw. Radialspannung
am Kranze $r = a$ sind. Setzt man $\omega = 0$ ein, so ergibt sich die bereits oben
erhaltene Spannungsverteilung der ruhenden Scheibe gleicher Dicke.

Setzt man aber $\omega = 0$ in die allgemeinen Gleichungen (95) ein und
berechnet die entsprechenden Werte von K und L, so ergeben sich aus (94)
für den Ruhezustand die folgenden Spannungsausdrücke:

$$\bar\sigma_r = \sigma_{t0}^*\,\frac{G_1(a)\,F_1(r) - F_1(a)\,G_1(r)}{G_1(a)\,[F_2(r_0) - F_1(r_0)] - F_1(a)\,[G_2(r_0) - G_1(r_0)]}$$

$$\bar\sigma_t = \sigma_{t0}^*\,\frac{G_1(a)\,F_2(r) - F_1(a)\,G_2(r)}{G_1(a)\,[F_2(r_0) - F_1(r_0)] - F_1(a)\,[G_2(r_0) - G_1(r_0)]}$$

worin sich die überstrichenen Größen auf den Ruhezustand beziehen.
Setzt man hierin $r = r_0$ ein, so folgt

$$\left.\begin{aligned}
\bar\sigma_{r0} &= \sigma_{t0}^*\,\frac{G_1(a)\,F_1(r_0) - F_1(a)\,G_1(r_0)}{G_1(a)\,[F_2(r_0) - F_1(r_0)] - F_1(a)\,[G_2(r_0) - G_1(r_0)]} \\
\bar\sigma_{t0} &= \sigma_{t0}^*\,\frac{G_1(a)\,F_2(r_0) - F_1(a)\,G_2(r_0)}{G_1(a)\,[F_2(r_0) - F_1(r_0)] - F_1(a)\,[G_2(r_0) - G_1(r_0)]}
\end{aligned}\right\} \quad (96)$$

Laut obigem müssen diese Formeln auf $\bar\sigma_{r0} = \sim -0{,}40\,\sigma_{t0}^*$, $\bar\sigma_{t0} = \sim 0{,}60\,\sigma_{t0}^*$
bei jedem Scheibenprofil führen, falls nur $a \geqslant 3\,r_0$. Dies soll nun an
einem speziellen Beispiel unter Benutzung unseres Ersten Exponentialprofils $z = \alpha e^{-y}$, $y = \beta r^{4/3}$, verifiziert werden. Es handle sich um eine
Scheibe mit $a = 53{,}4$ cm und $r_0 = 17{,}8$ cm; das Verhältnis $z_0 : z_a$ möge
zwischen den Zahlenwerten 1 und 3 liegen. Für $z_0 : z_a = 1$ sind die oben
gegebenen Formeln für die Scheibe gleicher Dicke zu benutzen. Allgemein ist aber

$$\beta = \frac{2{,}303}{a^{4/3} - r_0^{4/3}}\,\lg_{10}\left(\frac{z_0}{z_a}\right).$$

Mit den gegebenen Werten von a und r_0 ergeben sich die Werte von y_0
und y_a den Formeln

$$y_0 = \beta\,r_0^{4/3} \qquad y_a = \beta\,a^{4/3}$$

gemäß. Hierauf folgen aus Tabelle III mit den dort verwendeten Bezeich-
nungen $\varphi_1, \varphi_2, \psi_1, \psi_2$ die entsprechenden Werte von F_1, F_2, G_1, G_2 der Tabelle 9

Tabelle 9.

$z_0 : z_a$	y	$F_1 = \varphi_1$	$F_2 = \psi_1$	$G_1 = \varphi_2$	$G_2 = \psi_2$
2,0	$y_0 = 0{,}208$	$-7{,}5$	14,6	1,19	1,12
	$y_a = 0{,}902$	2,3	4,6	2,10	1,69
3,0	$y_0 = 0{,}330$	$-2{,}5$	9,0	1,31	1,20
	$y_a = 1{,}430$	4,5	4,8	3,28	2,36

Führt man diese Werte in die Formeln (96) ein, so ergeben sich die Verhältniszahlen $\bar{\sigma}_{r_0} : \sigma_{t_0}^*$ und $\bar{\sigma}_{t_0} : \sigma_{t_0}^*$ für das benutzte Profil mit $z_0 : z_a = 2$ und $z_0 : z_a = 3$. Für die Scheibe gleicher Dicke folgen diese Verhältniszahlen aus den Formeln (93) mit $r = r_0$. Auf

Tabelle 10.

$z_0 : z_a$	$\bar{\sigma}_{r0} : \sigma_{t0}^*$	$\bar{\sigma}_{t0} : \sigma_{t0}^*$
1	—0,444	0,556
2	—0,397	0,603
3	—0,369	0,631

diesem Wege ergibt sich die obenstehende Tabelle 10. Abb. 23 stellt das Ergebnis graphisch dar. Man ersieht aus dem Diagramm, daß sogar für $r_0 : a = 1 : 3$ die Schrumpfspannungen des Ruhezustandes von der besonderen Gestalt der Profilkurve nicht wesentlich abhängen, wie durch den oben hergeleiteten Satz verlangt (§ 4 dieses Kapitels). Auch quantitativ ist die Übereinstimmung mit jener allgemeinen Schlußfolgerung sehr befriedigend.

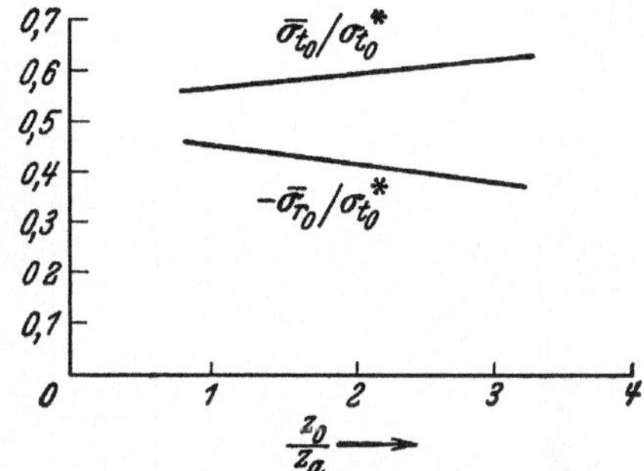

Abb. 23. Zum Einfluß des Verhältnisses $\frac{z_0}{z_a}$ auf die Bohrspannungen des Ruhezustandes.

6. Scheibe mit Nabenaussparung. Ein interessantes Anwendungsbeispiel der gewonnenen Ergebnisse betreffend Spannungsänderung mit variierender Winkelgeschwindigkeit ist durch Betrachtung der Spannungsverteilung in Scheiben mit Nabenaussparung gegeben (s. hierzu Abb. 24—29).

Nehmen wir an, die Scheibe sei ursprünglich ohne Nabenaussparung entworfen (Abb. 24). Die zugehörige Spannungsverteilung, den Randbedingungen

$$\sigma_r = \sigma_{r_0}^* \text{ für } r = r_0, \omega = \omega^* \qquad \sigma_r = \sigma_a^* \text{ für } r = a, \omega = \omega^* \quad (97)$$

gemäß, sei in Abb. 25 dargestellt. Selbstverständlich wären die Spannungskurven der Abb. 25 auch dann vollständig bestimmt, falls an Stelle der Randbedingungen (97) die folgenden vorgeschrieben wären:

$$\sigma_r = \sigma_a^* \text{ für } r = a, \omega = \omega^* \qquad \sigma_t = \sigma_{ta}^* \text{ für } r = a, \omega = \omega^*. \quad (98)$$

Mit anderen Worten, die Spannungskurven sind vollkommen bestimmt, falls zwei Bedingungen erfüllt werden sollen, den zwei Integrationskonstanten entsprechend, die in den allgemeinen Ausdrücken für die Spannungen vorkommen.

Nun betrachte man die Scheibe mit Nabenaussparung (Abb. 26). Wir verlangen, daß wiederum die Randbedingungen (98) erfüllt werden sollen:

$$\sigma_r = \sigma_a^* \text{ für } r = a, \omega = \omega^* \qquad \sigma_t = \sigma_{ta}^* \text{ für } r = a, \omega = \omega^*. \quad (98a)$$

Da durch diese zwei Bedingungen die Spannungskurven bestimmt sind, so werden wir dasselbe Spannungsdiagramm auch bei der Scheibe mit Nabenaussparung haben, solange die Profilkurven die gleichen sind, also von $r = a$ bis $r = r_0 + \Delta$ (s. Abb. 27), worin $r_0 + \Delta$ der Radius

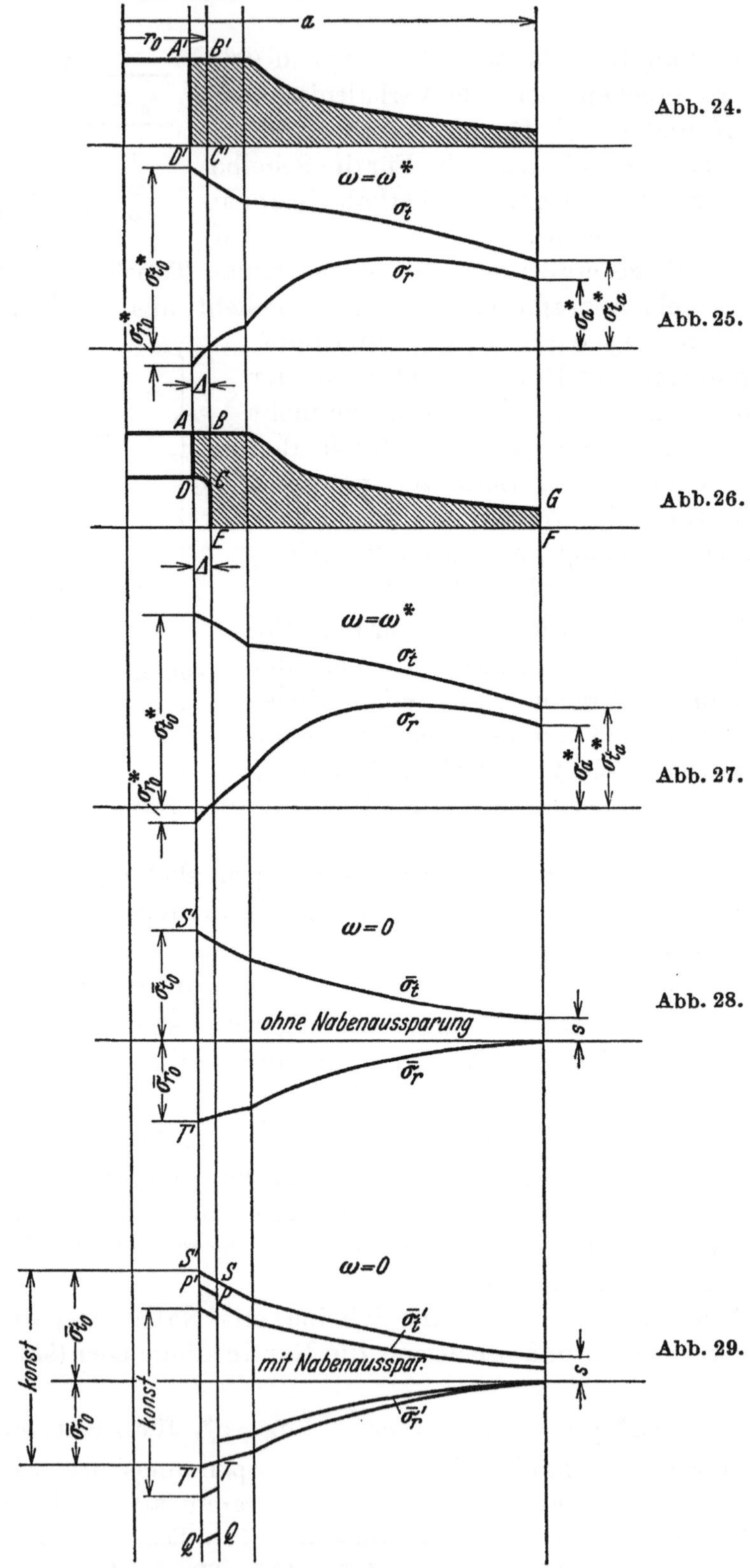

Abb. 24—29. Zum Einfluß der Nabenaussparung auf die Spannungsverteilung.

des Punktes ist, für den σ_r in Abb. 25 verschwindet. Diese Einschränkung, nämlich das Verschwinden von σ_r für $r = r_0 + \Delta$, wird später aufgehoben werden.

Was aber die Spannungen im Ring, gekennzeichnet durch den Querschnitt $ABCD$, betrifft, so ist am Außenrand BC des Meridianschnittes — oder, in abgekürzter Schreibweise, am Rande (BC) der Scheibe $(ABCD)$ — die (mittlere) Radialspannung gleich Null. Dies wird durch die Gleichgewichtsbedingung des Systems $(ABCD) + (BGFE)$ verlangt. Die Radialspannung erleidet also keinen Sprung an der Stelle (BC). Die Tangentialspannung aber längs (BC) im kleinen Ring $(ABCD)$ ist durch die Tatsache bestimmt, daß die Tangentialdehnung im zylindrischen Schnitt (BC) für beide aneinanderstoßenden Körper die gleiche sein muß. Daher erleidet nach Gleichung (35) auch die Tangentialspannung keinen Sprung an der Stelle (BC). Somit kennen wir die Randwerte der Spannungen σ_r^* und σ_t^* am Außenrand (BC) der kleinen Scheibe; daher sind die Spannungen auch im Intervall $r_0 < r < r_0 + \Delta$ vollständig bestimmt, der obigen Feststellung gemäß. Da ferner diese Randwerte in Abb. 24 für den Ring $(A'B'C'D')$ und in Abb. 26 für den Ring $(ABCD)$ entsprechend die gleichen sind, so müssen die Spannungsverteilungen in den beiden Fällen durchweg die gleichen sein. Daher ist die Spannungsverteilung Abb. 27 identisch mit derjenigen nach Abb. 25.

Dieses Ergebnis beruht auf der Voraussetzung, daß $\sigma_r^* = 0$ für $r = r_0 + \Delta$ in Abb. 25, d. h. daß die Tiefe der Nabenaussparung dem Abstand Δ gleich ist, an dessen Ende σ_r^* bei der Scheibe ohne Nabenaussparung verschwindet. Falls $\sigma_r^* = \delta$ für $r = r_0 + \Delta$ in Abb. 25, worin δ ein kleiner positiver oder negativer Betrag ist, so springt σ_r^* in Abb. 27, und es wird, der Näherungsform der Gleichgewichtsbedingung gemäß,

$$\sigma_r^* = \delta \frac{BE}{BC} \tag{99}$$

links von BC. Der entsprechende Wert der Tangentialspannung folgt aus dem Sprung (Sp) σ_t^* von σ_t^*, der nach Gleichung (35')

$$(\mathrm{Sp}) \, \sigma_t^* = \nu \delta \frac{BE}{BC} \tag{100}$$

ist. Da δ eine kleine Größe ist, so ist der Spannungssprung bei BC nicht wesentlich und an der ganzen obigen Überlegung ist praktisch so gut wie nichts geändert. Damit gelangen wir zum folgenden Schluß: Die Nabenaussparung ist ohne Einfluß auf die Spannungsverteilung der rotierenden Scheibe.

Nun betrachte man beide Scheiben, diejenige mit und die ohne Nabenaussparung, im Ruhezustande. Die Spannungsverteilung ist in beiden Fällen durch unsere obigen Überlegungen betreffend Abhängigkeit des Spannungszustandes von der variierenden Winkelgeschwindigkeit, insbesondere durch die Randbedingungen (92), qualitativ bestimmt.

Zunächst bemerken wir, daß die Spannungsverteilung der ruhenden Scheibe ohne Nabenaussparung unseren obigen Betrachtungen gemäß als bekannt vorausgesetzt werden darf und durch Abb. 28 veranschaulicht sein mag. Ist die gleiche Scheibe mit einer Nabenaussparung versehen, so beginnen wir mit dem Außenrande $r = a$ und stellen zuerst einmal fest, daß für den Scheibenteil $(BEFG)$ die Spannungsverteilung völlig bestimmt ist, falls wir für $\bar{\sigma}_t$ am Außenrande $r = a$ einen gewissen Wert annehmen, während $\bar{\sigma}_r$ dort gleich Null gesetzt wird (Abb. 29). Nimmt man nun für $\bar{\sigma}_t$ am Außenrande denselben Wert s wie in Abb. 28 an, so erhält man natürlich die gleichen Spannungskurven $\bar{\sigma}_r$ und $\bar{\sigma}_t$, wie in Abb. 28, für die Strecke $r_0 + \varDelta \leqslant r \leqslant a$. Im Punkte $r = r_0 + \varDelta$ erleiden die (mittleren) Spannungen $\bar{\sigma}_r$ und $\bar{\sigma}_t$ Sprünge, die mit Hilfe der Gleichungen (99) und (100) berechnet werden können[1]; dabei braucht δ nicht mehr klein zu sein. Die Spannungssprünge seien in der Abbildung durch die Strecken SP bzw. TQ veranschaulicht. Jetzt muß man aber bei der Anwendung der Beziehung (35') aufpassen. Wir erinnern uns, daß u in dieser Formel einen längs der Scheibendicke genommenen Mittelwert bedeutet. Im Falle der Gleichung (100) war σ_r an der Stelle (BC) verschwindend klein, daher ist man dort zur Annahme berechtigt, daß die Radialverschiebung längs (BE) nur wenig variiert und u beiderseits dieser Stelle denselben Wert besitzt. Im Falle der Abb. 29 aber ist $\bar{\sigma}_r = \delta$ an der Stelle (BC) nicht mehr absolut klein; daher wird dort auch der Mittelwert u einen Sprung machen. Bezeichnet man mit dem Index $+$ bzw. $-$ die in der Abbildung an der Stelle (BC) rechts bzw. links geltenden Werte, so ist offenbar, wenn man $BC = \sim \frac{1}{2} BE$ annimmt,

$$1 < \frac{u_-}{u_+} < 2 \,.$$

Dementsprechend wollen wir die Berechnung mit jedem der beiden für das bezeichnete Verhältnis angegebenen Werte 1 und 2 durchführen. Im ersteren Falle erhalten wir

$$SP = v \cdot TQ \tag{101}$$

nach (99) und (100). Sind PP' und QQ' die Spannungskurven der Scheibe $(ABCD)$, so wird, wie wir zeigen wollen,

$$P'Q' > S'T' = \sigma_{t\,0}^* - \sigma_{r\,0}^* \,. \tag{102}$$

Für $r_0 + \varDelta > r > r_0$ handelt es sich nämlich sowohl bei der Scheibe ohne als auch bei der mit Nabenaussparung um eine Scheibe gleicher Dicke. Daher ist nach der zweiten der Gleichungen (38) für $\omega = 0$

$$\bar{\sigma}_t - \bar{\sigma}_r = \frac{b}{r^2} \qquad \text{bzw.} \qquad \bar{\sigma}_t - \bar{\sigma}_r = \frac{B}{r^2} \,,$$

worin die Konstante b der Scheibe ohne, die Konstante B derjenigen mit Nabenaussparung entsprechen soll. Mit den Bezeichnungen der

---

[1] Jedoch vgl. man hierzu § 7 dieses Kapitels.

Abb. 29 haben wir demnach

$$S'T' = \frac{b}{r_0^2} \qquad P'Q' = \frac{B}{r_0^2}.$$

Dagegen ist für $r = r_0 + \varDelta$

$$ST = \frac{b}{(r_0 + \varDelta)^2} \qquad PQ = \frac{B}{(r_0 + \varDelta)^2}.$$

Folglich ist

$$\frac{ST}{S'T'} = \left(\frac{r_0}{r_0 + \varDelta}\right)^2 = \frac{PQ}{P'Q'}. \tag{103}$$

Nun ist aber

$$TQ > PS \quad \text{daher} \quad PQ > ST$$

und nach (103)

$$P'Q' > S'T'$$

und dies ist nichts anderes als die Beziehung (102).

Ist aber $u_- = 2\,u_+$, so ist nach (35')

$$\bar\sigma_{t-} - v\,\bar\sigma_{r-} = 2\bar\sigma_{t+} - 2v\bar\sigma_{r+}.$$

Zieht man hier beiderseits $2\,v\bar\sigma_{r-}$ ab, so folgt mit $v = \sim {}^1\!/_3$

$$\bar\sigma_{t-} - \bar\sigma_{r-} = 2\bar\sigma_{t+} - \tfrac{2}{3}(\bar\sigma_{r+} + \bar\sigma_{r-}).$$

Nach Tabelle 10 ist nun $\bar\sigma_{t+} = \sim -1{,}5\,\delta$, und nach (99) ist $\bar\sigma_{r-} = \sim 2\,\delta$, falls $\bar\sigma_{r+} = \delta$; daher wird

$$\bar\sigma_{t-} - \bar\sigma_{r-} = \sim -5\delta > 0 \ (\text{da } \delta < 0)$$

und die Spannungsdifferenz hat dann ungefähr denselben Wert an der Stelle $r = r_0$. Nach (92) aber muß dort

$$(\bar\sigma_t - \bar\sigma_r)_{r=r_0} = \sigma_{t0}^* - \sigma_{r0}^* \approx -1{,}5\delta - \delta = -2{,}5\delta$$

sein.

Somit haben wir in beiden Fällen gefunden: sind für $r_0 + \varDelta \leqslant r \leqslant a$ die Spannungen $\bar\sigma_t$ und $\bar\sigma_r$ in Abb. 29 dieselben wie in Abb. 28, so ist die Differenz der Spannungswerte $\bar\sigma_{t0}$ und $\bar\sigma_{r0}$ an der Bohrung größer als die Differenz der entsprechenden Spannungswerte in rotierendem Zustand nach Abb. 27. Auf diesem Wege schließen wir, daß unsere Annahme abgeändert werden muß, wonach die Spannungskurven im Intervall $r_0 + \varDelta \leqslant r \leqslant a$ in den beiden Scheiben, derjenigen mit und der ohne Nabenaussparung, im Ruhezustande dieselben sind. Mit anderen Worten, für $r = a$ muß die Tangentialspannung in Abb. 29 kleiner sein als s in Abb. 28; dann erhalten wir die Spannungskurven $\bar\sigma_t'$ und $\bar\sigma_r'$, bestimmt durch die beiden Randbedingungen für $r = a$. In der Tat ist es physikalisch leicht einzusehen, daß die Kurven $\bar\sigma_t'$ und $\bar\sigma_r'$, wie sie in der Abbildung eingetragen sind, qualitativ einander entsprechen müssen: falls die Radialspannung, die Druckspannung ist, von $\bar\sigma_r$ auf $\bar\sigma_r'$ abnimmt (Abb. 29), so muß die Tangentialspannung, die Zugspannung ist, von $\bar\sigma_t$ auf $\bar\sigma_t'$ abnehmen. Bei einer bestimmten Abnahme der beiden Spannungsfunktionen wird der Zustand erreicht werden, bei dem die erwähnte Differenz der Spannungswerte an der Bohrung den verlangten von der Geschwindigkeit ω unabhängigen Betrag annimmt, und dies wird dann die gesuchte Spannungsverteilung. Somit haben wir gefunden: Bei einer Scheibe mit Nabenaussparung sind die Spannungen im rotierenden Zustand dieselben wie bei einer Scheibe ohne Nabenaussparung, sie sind dagegen im Falle vorhandener Nabenaussparung im ruhenden Zustand kleiner innerhalb der Scheibe, d. h. mit Ausnahme der Bohrung; an der Bohrung bleiben die Spannungen innerhalb erlaubter Grenzen, die durch die Bedingung $\bar{\sigma}_{t0} - \bar{\sigma}_{r0} =$ konst. bei jeder Geschwindigkeit $\omega < \omega^*$ vorgeschrieben sind.

Auf die Bedeutung dieser Ergebnisse, sowie derjenigen des § 3 dieses Kapitels, für die Beurteilung der Materialbeanspruchung der Scheibe unter verschiedenen Bedingungen gehen wir nachstehend in § 8 ein.

7. Ergänzende Bemerkungen. Die obige Betrachtung betreffend Spannungsverteilung des Ruhezustandes in Scheiben mit Nabenaussparung möge durch die zwei folgenden Bemerkungen vervollständigt werden.

Die Anwendung der Formeln der Scheibe gleicher Dicke auf die ausgesparte Nabe setzt mit Rücksicht auf den diesen Formeln zugrunde liegenden ebenen Spannungszustand (§ 2 dieses Kapitels) voraus, daß die in Frage kommende Strecke AD (Abb. 26) hinreichend lang ist. Wir nehmen an, daß die Länge $2AD$ von der Größenordnung der halben Nabenlänge ist. Diese Annahme wurde bereits oben benutzt.

Was aber die Kurven $\bar{\sigma}_t'$ und $\bar{\sigma}_r'$ für $r > r_0 + \varDelta$ in Abb. 29 betrifft, so schließt man aus dem de Saint Venantschen Prinzip[1], daß diese Kurven nach dem Außenrande hin mit immer besserer Genauigkeit gelten; in der Umgebung der bei der obigen Darstellung auftretenden Sprungstelle müssen sie dagegen abgeändert werden, indem die plötzlichen Sprünge durch stetig, wenn auch steil verlaufende Kurvenstücke ersetzt werden. In der bezeichneten Umgebung, Bohrung mit eingeschlossen, gelten die Schlüsse, mit Ausnahme der Randbedingungen für $r = r_0$, nur qualitativ.

8. Materialbeanspruchung der Scheibe. Beim üblichen Rechnungsgang (s. z. B. die Aufgaben im 5. Kapitel) begnügt man sich mit der Feststellung der größten bei 20% Übergeschwindigkeit in der Scheibe auftretenden Spannungen, die unterhalb gewisser Grenzen liegen müssen diese Grenzen hängen selbstverständlich von der Art des verwendeten Materials ab. Dagegen gestatten uns die obigen Erörterungen die Frage der Materialbeanspruchung allgemeiner zu behandeln.

Wir haben bereits im § 7 des 1. Kapitels das Festigkeitskriterium im Anschluß an die in der Festigkeitsfrage gegenwärtig herrschenden Anschauungen eingehend formuliert. Danach kommt es bei der Beurteilung der Materialbeanspruchung auf die Differenz der größten und der kleinsten der drei Hauptspannungen im betrachteten Punkte an Bei der Anwendung auf unser Scheibenproblem wird sich das Maximun

---

[1] Love, A. E. H., a. a. O., S. 131.

dieser Spannungsdifferenz meistens an der Bohrung einstellen; wir haben ja gesehen (2. Kapitel, § 4), daß an der Bohrung regelmäßig eine Spannungsanhäufung von der Art stattfindet, daß Spannungsdifferenzen der gekennzeichneten Natur dort rasch ansteigen. An der Bohrung ist die Differenz der größten und der kleinsten der drei Hauptspannungen, wie wir wissen, nichts anderes, als die Größe $\sigma_t - \sigma_r$ (1. Kapitel, § 7), denn die dritte Hauptspannung, die Axialspannung σ_z, ist praktisch immer gleich Null, während σ_r bei variierendem ω entweder gleich Null oder negativ ist. Nun haben wir aber gesehen, daß diese Differenz $\sigma_t - \sigma_r$ an der Bohrung konstant bleibt und von der Winkelgeschwindigkeit ω unabhängig ist. Wir gelangen somit zu einem Ergebnis, das folgenderweise ausgesprochen werden kann: Im Rahmen der Festigkeitstheorie der größten Schubspannung ist die Materialbeanspruchung der Scheibe **an der Bohrung** stets die gleiche bei jeder Geschwindigkeit ω, die der Beziehung $0 < \omega < \omega^*$ genügt; die Materialbeanspruchung erleidet dort keine Änderung auch dann, wenn die Nabe mit einer laut obigen Angaben bemessenen Aussparung versehen wird; die Anstrengung des Stoffes ist durch das Schrumpfmaß (§ 3 dieses Kapitels) allein bestimmt. In den Fällen, in denen die Differenz der größten und der kleinsten der drei Hauptspannungen **bei jeder Geschwindigkeit** ω innerhalb der Grenzen $0 < \omega < \omega^*$ an der Bohrung am größten wird, kann man demnach die Materialbeanspruchung der Scheibe schlechtweg als von ω unabhängig und durch eine etwaige Nabenaussparung nicht beeinflußbar betrachten.

9. Materialbeanspruchung der Radwelle durch Schrumpfpressung. Im Zusammenhange mit der Frage der Spannungsverteilung der ruhenden Scheibe entsteht die Frage der entsprechenden Spannungsverteilung in der Radwelle infolge der in der Berührungsstelle übertragenen Schrumpfpressung. Unter der Voraussetzung, daß wir es hier mit einem ebenen Spannungszustand zu tun haben (§ 2 dieses Kapitels), gelten für die Spannungen $\bar\sigma_{rw}$ und $\bar\sigma_{tw}$ der ruhenden Welle die Gleichungen (14a). Ist die Welle nicht durchbohrt, so ist $b = 0$ zu setzen; dann ist überall in der Welle

$$\bar\sigma_{rw} = \bar\sigma_{tw} = \bar\sigma_{r\,0},$$

wenn man mit $\bar\sigma_{r\,0}$ die Radialspannung der ruhenden Scheibe an der Bohrung bezeichnet. Die dritte Hauptspannung $\bar\sigma_{zw}$ der Welle ist definitionsgemäß gleich Null, da ja der Spannungszustand ein ebener sein soll. Also ist für die Beanspruchung der undurchbohrten ruhenden Welle nach der Festigkeitstheorie der größten Schubspannung der Betrag $\frac{1}{2}\,\bar\sigma_{r\,0}$ maßgebend. Da aber die Scheibenbeanspruchung durch den Betrag $\frac{1}{2}\,\sigma_{t\,0}^*$ gekennzeichnet war und $\sigma_{t\,0}^* = \sim 2\,|\bar\sigma_{r\,0}|$ ist, so ist die undurchbohrte Welle ungefähr halb so stark beansprucht wie die Scheibe, vorausgesetzt, daß die Beanspruchungsfälle miteinander vergleichbar sind[1].

---

[1] Siehe hierzu Th. v. Kármán, Festigkeitsversuche. Z. VDI 1911.

10. Spannungsanhäufungen an Ausgleichslöchern. Grundsätzlich ist der Einfluß einer Bohrung auf die Spannungsverteilung eines durch sie unterbrochenen scheibenförmigen Körpers durch die Erörterungen des § 4 des 2. Kapitels bereits in erheblichem Grade beleuchtet. Mit Rücksicht auf das Vorkommen von Scheiben mit Ausgleichslöchern im Dampfturbinenbau (s. Einleitung, § 2) ist es jedoch notwendig, die an solchen Löchern auftretenden Spannungsanhäufungen im Anschluß an die tatsächlichen Ausführungs- und Betriebsverhältnisse genauer abzuschätzen.

Zu diesem Zwecke gehen wir von dem Fall einer unendlich ausgedehnten dünnen Platte gleicher Dicke mit kreisförmigem Loch (Abb. 30)

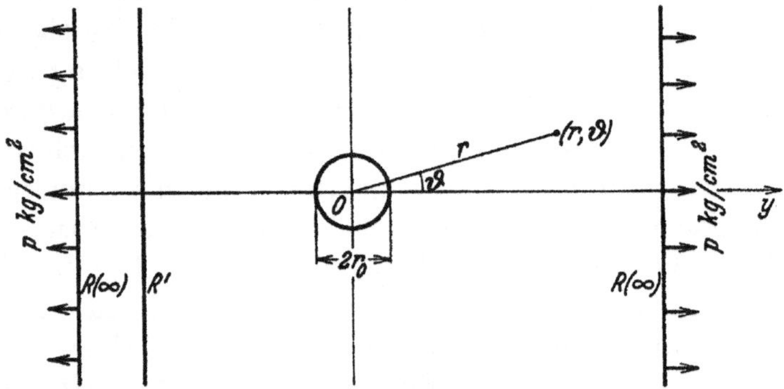

Abb. 30. Zum Spannungszustande am Lochrand einer durchlochten Platte.

aus, die in ruhendem Zustand längs des unendlich entfernten Randes R durch gleichmäßig verteilten Zug p kg/cm², dessen Richtung wir zur y-Richtung wählen, beansprucht ist. Das Problem der in diesem Falle entstehenden Spannungsverteilung war Gegenstand zahlreicher Untersuchungen sowohl in der technischen als auch in der wissenschaftlichen Literatur [1].

Betrachten wir eine Verschiebung, deren Komponenten in bezug auf das in Abb. 30 benutzte System von Polarkoordinaten durch die Komponenten

$$
\left.\begin{aligned}
u_r &= \frac{1}{2}\, p\, \frac{1+\nu}{E}\, r \left\{ 1 - 2\nu + \frac{r_0^2}{r^2} + \left[1 + 4\,(1-\nu)\,\frac{r_0^2}{r^2} - \frac{r_0^4}{r^4} \right] \cos 2\vartheta \right\} \\
u_\vartheta &= -\frac{1}{2}\, p\, \frac{1+\nu}{E}\, r \left\{ 1 + 2\,(1-2\nu)\,\frac{r_0^2}{r^2} + \frac{r_0^4}{r^4} \right\} \sin 2\vartheta \\
u_z &= 0
\end{aligned}\right\} \quad (104)
$$

---

[1] Unter den Veröffentlichungen in der technischen Literatur seien hier erwähnt die Beiträge von M. Grübler in der Z. VDI 1897 S. 860, von Kirsch in der Z VDI 1898 S. 798 (strenge Lösung), und von S. Timoshenko und W. Dietz in den Trans. Amer. Soc. mech. Engr. 1925 S. 199 (elementare Näherungslösung erläutert durch Experimente); siehe auch Stodola, Dampf- und Gas-Turbinen 1922 S. 320. Unter den Veröffentlichungen in der wissenschaftlichen Literatur seien hier G. W. Kolosoff, Funktionentheoretische Methoden im ebenen Problem der Elastizitätslehre. Dorpat 1909 (russisch) und insbesondere die zusammenhängende Darstellung von N. I. Muschelišvili in dessen ausgedehntem Werk „Über einige Grundaufgaben der Elastizitätslehre". Leningrad 1933 (russisch) hervorgehoben.

gegeben ist. Das Gleichungssystem (104) kennzeichnet einen „ebenen Verzerrungszustand": die Verschiebungskomponente u_z senkrecht zur $r\vartheta$-Ebene verschwindet und die beiden anderen Verschiebungskomponenten sind Funktionen von r und ϑ und unabhängig von z; Abb. 30 stellt hierbei nicht eine Platte dar, sondern den Normalschnitt eines auch in der z-Richtung unendlich ausgedehnten Körpers[1]. Unter Benutzung von (10) und (11) ergeben sich die entsprechenden Verzerrungskomponenten; unter Einführung von $u_z = 0$ folgen die Spannungskomponenten aus (12a), (12b) allgemein zu

$$\left.\begin{aligned}
\sigma_z &= \frac{E\nu}{(1+\nu)(1-2\nu)}\left[\frac{1}{r}\frac{\partial(r\,u_r)}{\partial r} + \frac{1}{r}\frac{\partial u_\vartheta}{\partial\vartheta}\right] \\
\sigma_r &= \frac{E\nu}{(1+\nu)(1-2\nu)}\left[\frac{1}{r}\frac{\partial(r\,u_r)}{\partial r} + \frac{1}{r}\frac{\partial u_\vartheta}{\partial\vartheta}\right] + \frac{E}{1+\nu}\frac{\partial u_r}{\partial r} \\
\sigma_\vartheta &= \frac{E\nu}{(1+\nu)(1-2\nu)}\left[\frac{1}{r}\frac{\partial(r\,u_r)}{\partial r} + \frac{1}{r}\frac{\partial u_\vartheta}{\partial\vartheta}\right] + \frac{E}{1+\nu}\left[\frac{u_r}{r} + \frac{1}{r}\frac{\partial u_\vartheta}{\partial\vartheta}\right] \\
\tau_z &= \frac{E}{2(1+\nu)}\left[\frac{\partial u_\vartheta}{\partial r} - \frac{u_\vartheta}{r} + \frac{1}{r}\frac{\partial u_r}{\partial\vartheta}\right] \\
\tau_r &= 0 \qquad \tau_\vartheta = 0 .
\end{aligned}\right\} \quad (105)$$

Für die spezielle Verschiebung (104) ist danach

$$\left.\begin{aligned}
\sigma_r &= \frac{1}{2}\,p\left\{1 - \frac{r_0^2}{r^2} + \left[1 - 4\frac{r_0^2}{r^2} + 3\frac{r_0^4}{r^4}\right]\cos 2\vartheta\right\} \\
\sigma_\vartheta &= \frac{1}{2}\,p\left\{1 + \frac{r_0^2}{r^2} - \left[1 + 3\frac{r_0^4}{r^4}\right]\cos 2\vartheta\right\} \\
\sigma_z &= \nu p\left\{1 - 2\frac{r_0^2}{r^2}\cos 2\vartheta\right\} \\
\tau_z &= -\frac{1}{2}\,p\left\{1 + 2\frac{r_0^2}{r^2} - 3\frac{r_0^4}{r^4}\right\}\sin 2\vartheta \\
\tau_r &= 0 \\
\tau_\vartheta &= 0 .
\end{aligned}\right\} \quad (106)$$

Setzt man nun im Gleichungssystem (6) die Komponenten Z, R, T bzw. f_z, f_r, f_ϑ der Massenkraft bzw. der Beschleunigung gleich Null, so wird es durch das System (106) befriedigt. Dieses stellt somit einen möglichen Gleichgewichtszustand des gekennzeichneten, nach allen Richtungen hin unendlich ausgedehnten längs der z-Achse nach Abb. 30 durchlochten Körpers dar. Wir fragen nun, welches sind die Randbedingungen, die zur Entstehung des Spannungstensors (106) Veranlassung geben.

Für den Innenrand ist $r = r_0$; also ist am Innenrande

$$\sigma_r = 0; \qquad \tau_z = 0; \qquad \tau_\vartheta = 0 \qquad (\text{für } r = r_0).$$

Die zylindrische Innenrandfläche $r = r_0$ ist also überall spannungsfrei, wie auch beim ursprünglichen Plattenproblem verlangt. Ist aber $r = \infty$, so wird nach (106)

---

[1] Siehe A. E. H. Love, Theory of Elasticity, 1927 S. 137 u. 204, oder N. I. Muscheliŝvili, a. a. O., S. 76.

$$\sigma_r = p\cos^2\vartheta;\quad \tau_z = -\,p\sin\vartheta\cos\vartheta;\quad \tau_\vartheta = 0 \\ \sigma_\vartheta = p\sin^2\vartheta;\quad \sigma_z = pv;\quad \tau_r = 0 \Bigr\} \quad (\text{für } r = \infty). \qquad (107)$$

Aus einer Gleichgewichtsbetrachtung am Körperelement der Abb. 31 erhält man unter Berücksichtigung der Flächengrößenverhältnisse

$$\sigma\,df = \sigma_r\,(df\cos\vartheta)\cos\vartheta + \sigma_\vartheta\,(df\sin\vartheta)\sin\vartheta - \tau_z\,(df\cos\vartheta)\sin\vartheta - \\ - \tau_z\,(df\sin\vartheta)\cos\vartheta$$

$$\tau\,df = \sigma_r\,(df\cos\vartheta)\sin\vartheta - \sigma_\vartheta\,(df\sin\vartheta)\cos\vartheta + \tau_z\,(df\cos\vartheta)\cos\vartheta - \\ - \tau_z\,(df\sin\vartheta)\sin\vartheta$$

$$\tau'\,df = \tau_r\,(df\sin\vartheta) + \tau_\vartheta\,(df\cos\vartheta) = 0$$

worin τ' die auf τ senkrecht stehende Schubspannungskomponente des Flächenelementes df ist. Für $r = \infty$ erhält man hieraus unter Benutzung von (107)

$$\sigma = p \qquad \tau = 0 \qquad \tau' = 0.$$

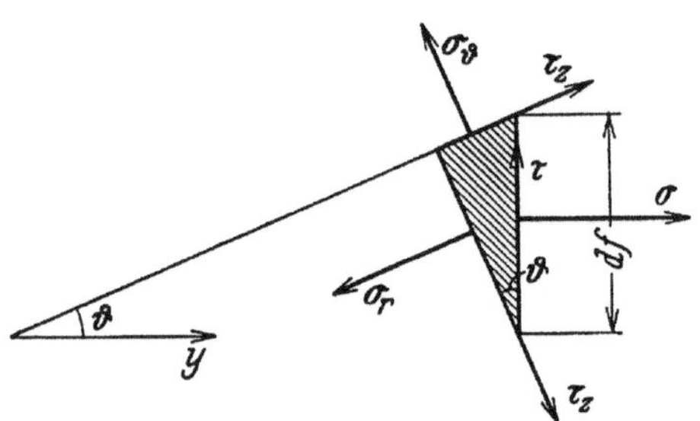

Abb. 31. Gleichgewichtsskizze.

Mit anderen Worten, der Körper ist, sofern es sich um die zur z-Achse parallelen Randflächen handelt, durch Zug beansprucht, der sich nach Abb. 30 über den unendlich entfernten Rand R gleichmäßig verteilt und die Größe p kg/cm² hat, während die zylindrische Innenrandfläche $r = r_0$ spannungsfrei bleibt. Für die technischen Anwendungen ist die Feststellung wichtig, daß in jedem Schnitt R', der in hinreichender Entfernung von der z-Achse des Koordinatensystems zur Richtung von p senkrecht gelegt wird, die Spannungsverteilung nach (106) praktisch die gleiche ist, wie längs des Randes R. Man überlegt sich leicht, daß dies auch durch das de Saint Venantsche Prinzip[1] verlangt wird.

Die von uns angenommene Verschiebung (104) ergibt allerdings neben der eben betrachteten Spannungsverteilung auch noch eine Spannungskomponente σ_z [s. (106), (107)]. Scheidet man daher aus dem untersuchten unendlich ausgedehnten Körper durch zwei zur z-Achse normale Schnitte eine dünne Scheibe aus, so sind die beiden ebenen Randflächen der Scheibe nicht spannungsfrei. Um sie spannungsfrei zu machen, wie im Problem der auf Zug beanspruchten durchlochten Platte verlangt, müssen wir jeden der beiden Normalschnitte zusätzlich noch mit $p_1 = -\sigma_z$ belasten. Diese zusätzliche Belastung ruft bei der in Frage stehenden ausgeschiedenen Platte gewisse Änderungen des vorstehend ermittelten Deformations- und Spannungszustandes hervor. Diese Änderungen müssen wir natürlich untersuchen, um zur Lösung unseres ursprünglichen Problems zu gelangen, das sich ja auf eine durchlochte Platte unter Zug in der Plattenebene ohne Querbelastung bezog.

---

[1] Love, A. E. H., a. a. O., S. 131.

Bei der ausgeschiedenen Platte mit der angegebenen Zusatzbelastung ist

$$\sigma_z = 0 \qquad \tau_r = 0 \qquad \tau_\vartheta = 0 \qquad (\text{für } z = \pm h) , \qquad (108)$$

wenn man mit $2\,h$ die Plattendicke bezeichnet. Setzt man daher in (6) wiederum $Z = R = T = 0$, $f_z = f_r = f_\vartheta = 0$, so ergibt die erste Gleichung des Systems[1]

$$\frac{\partial \sigma_z}{\partial z} = 0 \qquad \text{für } z = \pm h .$$

Die Komponente σ_z verschwindet also an den beiden Randflächen nicht nur selbst, sondern auch ihre Ableitung nach z wird dort gleich Null. Also muß σ_z durchweg vernachlässigbar klein sein, da die Platte als dünn vorausgesetzt wird. Die beiden anderen Gleichungen des Systems (6) integrieren wir längs der Plattendicke z von $z = -h$ bis $z = h$ (vgl. hierzu 1. Kapitel, § 4). Da nun nach (108)

$$\left.\begin{aligned}
\int_{-h}^{h} \frac{\partial \tau_r}{\partial z}\, dz &= \tau_{r\,(z=h)} - \tau_{r\,(z=-h)} = 0 \\[2ex]
\int_{-h}^{h} \frac{\partial \tau_\vartheta}{\partial z}\, dz &= \tau_{\vartheta\,(z=h)} - \tau_{\vartheta\,(z=-h)} = 0
\end{aligned}\right\} \qquad (109)$$

so sieht man sofort ein, daß die angegebene Integration für die Spannungsmittelwerte der Platte genau dieselben Gleichungen ergibt, die im Falle des vorhin untersuchten unendlich ausgedehnten Körpers für die Spannungen selbst gegolten haben. Was aber die fernerhin benutzten Gleichungen (12a), (12b) betrifft, so erhält man daraus durch Integration von $z = -h$ bis $z = h$ unter Anwendung der Formeln (10) und (11) und mit Rücksicht auf $\sigma_z = \sim 0$

$$\left.\begin{aligned}
\sigma_r^* &= \frac{E\,v}{1-v^2}\left[\frac{1}{r}\frac{\partial(r\,U_r^*)}{\partial r} + \frac{1}{r}\frac{\partial U_\vartheta^*}{\partial \vartheta}\right] + \frac{E}{1+v}\frac{\partial U_r^*}{\partial r} \\[2ex]
\sigma_\vartheta^* &= \frac{E\,v}{1-v^2}\left[\frac{1}{r}\frac{\partial(r\,U_r^*)}{\partial r} + \frac{1}{r}\frac{\partial U_\vartheta^*}{\partial \vartheta}\right] + \frac{E}{1+v}\left[\frac{1}{r}\frac{\partial U_\vartheta^*}{\partial \vartheta} + \frac{U_r^*}{r}\right] \\[2ex]
\tau_z^* &= \frac{E}{2(1+v)}\left[\frac{\partial U_\vartheta^*}{\partial r} - \frac{U_\vartheta^*}{r} + \frac{1}{r}\frac{\partial U_r^*}{\partial \vartheta}\right]
\end{aligned}\right\} \quad (110)$$

wenn man mit U_r, U_ϑ die Verschiebungskomponenten der Platte in deren Ebene und mit dem Sternchen wiederum, wie in § 4 des 1. Kapitels, die Mittelwerte bezeichnet.

Vergleicht man nun die Spannungsausdrücke (110) mit den entsprechenden Ausdrücken des Systems (105), so schließt man: falls die elastischen Konstanten E und v in (110) vermöge der Formeln

$$E = \frac{E_1}{1-v_1^2} \qquad v = \frac{v_1}{1-v_1} \qquad (111)$$

durch E_1 bzw. v_1 ersetzt werden, so wird die Analogie zwischen den beiden betrachteten Problemen (von σ_z abgesehen) auch in bezug auf

---

[1] Für das Folgende vgl. man N. I. Muschelišvili, a. a. O., S. 80—83.

die elastischen Konstanten vollständig; daher gilt die Lösung (106) (von σ_z abgesehen) auch für die Platte, sofern man σ_r, σ_ϑ, τ_z des unendlich ausgedehnten Körpers durch die Größen σ_r^*, σ_ϑ^*, τ_z^* der Platte ersetzt; die Schubspannungskomponenten τ_r^*, τ_ϑ^* sind offenbar zu vernachlässigen; die Verschiebungskomponenten U_r^*, U_ϑ^* der Platte ergeben sich aus (104), wenn man darin E und ν durch E_1 bzw. ν_1 ersetzt und diese dann vermöge der Formeln (111) durch E und ν ausdrückt, was auf

$$U_r^* = \frac{1}{2}\, p\, \frac{1+\nu}{E}\, r \left\{ \frac{1-\nu}{1+\nu} + \frac{r_0^2}{r^2} + \left[1 + \frac{4}{1+\nu}\, \frac{r_0^2}{r^2} - \frac{r_0^4}{r^4} \right] \cos 2\vartheta \right\}$$

$$U_\vartheta^* = -\frac{1}{2}\, p\, \frac{1+\nu}{E}\, r \left\{ 1 + 2\, \frac{1-\nu}{1+\nu}\, \frac{r_0^2}{r^2} + \frac{r_0^4}{r^4} \right\} \sin 2\vartheta$$

führt. Damit ist das Problem der auf Zug beanspruchten durchlochten Platte vollständig gelöst.

Bei der obigen Darstellung sind die beiden Lösungen, diejenige für den Fall des unendlich ausgedehnten Körpers und die der Platte, in Beziehung zueinander gebracht, um dem Leser das Studium der einschlägigen Literatur zu erleichtern und ihn vor sonst möglichen Mißverständnissen zu bewahren. Bei dieser Gelegenheit heben wir hervor, daß, während es sich beim ersteren um einen „ebenen Verzerrungszustand" gehandelt hat, im letzteren Falle annähernd ein „verallgemeinerter ebener Spannungszustand" vorliegt, nicht zu verwechseln mit dem „ebenen Spannungszustand", bei dem die Normalschnitte durchweg spannungsfrei, d. h. σ_z, τ_r, τ_ϑ durchweg gleich Null sind, während beim „verallgemeinerten ebenen Spannungszustand" der Platte σ_z durchweg, τ_r und τ_ϑ nur an den beiden Randflächen verschwinden und die Rechnung auf die Mittelwerte der Verschiebungs- und Spannungskomponenten angewendet wird.

Die Verschiebung an sich interessiert uns beim Problem der durchlochten Platte nicht, und wir wenden unsere Aufmerksamkeit dem System (106) für die Spannungskomponenten zu. Die Spannungskomponente σ_ϑ, die sich danach für die Schnitte 1—1 $(\vartheta = 0)$ und 2—2 $(\vartheta = \frac{1}{2}\pi)$ als Funktion von r ergibt, ist in Abb. 32 eingetragen. Für $\vartheta = 0$ ist

$$s_1(r) \underset{(\vartheta=0)}{=\!=\!=} \left(\frac{\sigma}{p} \right) \underset{(\vartheta=0)}{=\!=\!=} \frac{1}{2} \left[\left(\frac{r_0}{r} \right)^2 - 3 \left(\frac{r_0}{r} \right)^4 \right] = \frac{1}{2} \left(\frac{r_0}{r} \right)^2 \left[1 - 3 \left(\frac{r_0}{r} \right)^2 \right]$$

für $\vartheta = \frac{1}{2}\pi$ dagegen ist

$$s_2(r) \underset{(\vartheta=\frac{1}{2}\pi)}{=\!=\!=} \left(\frac{\sigma_\vartheta}{p} \right) \underset{(\vartheta=\frac{1}{2}\pi)}{=\!=\!=} \frac{1}{2} \left[2 + \left(\frac{r_0}{r} \right)^2 + 3 \left(\frac{r_0}{r} \right)^4 \right].$$

Abb. 32 veranschaulicht die Funktionen $s_1(r)$ und $s_2(r)$. Danach herrscht längs des Schnittes $\vartheta = 0$ Druck mit einem Maximum am Lochrande, das dem Betrage nach dem Zuge p kg/cm² gleich ist. Längs des Schnittes $\vartheta = \frac{1}{2}\pi$ dagegen herrscht Zug, der am Lochrande ein Maximum besitzt gleich dem dreifachen Betrage des Zuges p kg/cm². Dieses Ergebnis illustriert deutlich den spannungsanhäufenden Einfluß des Loches.

Ist die Platte in der einen Richtung durch den gleichmäßig verteilten Zug P_1 kg/cm², in der dazu senkrechten Richtung durch den Zug P_2 kg/cm² beansprucht, so ergeben sich die entsprechenden Spannungen durch Superposition der Spannungsverteilungen, die sich für die Belastungen P_1 in der einen und P_2 in der anderen Richtung einzeln ergeben.

Mit einer Beanspruchung der letzteren Art haben wir es bei der mit Ausgleichslöchern versehenen rotierenden Scheibe zu tun; die Radialspannung σ_r und die Tangentialspannung σ_t treten hier an die Stelle von P_1 und P_2, und die obige Betrachtung gilt hier mit befriedigender Näherung. Führt man die angegebene Superposition durch, so erhält man das Ergebnis, daß am Rande der Ausgleichslöcher Spannungen entstehen, die ungefähr das Zweieinhalbfache der dort sonst auftretenden größten Hauptspannung betragen, ein Ergebnis, dessen Bedeutung für den Konstrukteur kaum noch weiter betont zu werden braucht.

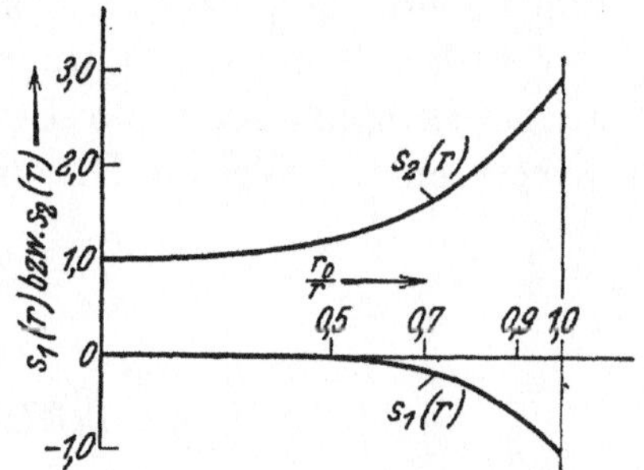

Abb. 32. Zur Spannungsanhäufung am Lochrande der durchlochten Platte.

11. Bemerkungen zur Berechnung einer vorgegebenen Scheibe. Die Aufgabe der Spannungsberechnung bei einer vorgegebenen Scheibe wurde eigentlich bereits im Schlußparagraphen des 2. Kapitels bei der Besprechung des Grammelschen Verfahrens erledigt; bei diesem Verfahren beruht ja der Neuentwurf einer Scheibe auf der Möglichkeit, eine vorliegende Scheibe zu berechnen.

In der Literatur findet man jedoch Versuche, die bezeichnete Aufgabe auch auf anderen Wegen zu lösen. Erwähnung verdient das Berechnungsverfahren mit Hilfe der Differenzenrechnung[1]. Häufiger jedoch wird die Aufgabe in der Weise behandelt, daß man die Scheibe in eine Anzahl konzentrischer Ringe einteilt, deren jeder annähernd durch ein analytisch ausdrückbares Profil wiedergegeben werden kann. Mit Hilfe der zugehörigen Spannungsausdrücke erhält man dann unter Beachtung der Stetigkeitsbedingungen an den Stoßstellen der Ringe die Lösung der Aufgabe[2]. Dieses Verfahren ließe sich insbesondere auch unter Anwendung des Zweiten Exponentialprofils offenbar mit Vorteil benutzen, wie aus den Ausführungen im 5. Kapitel, § 8 geschlossen werden kann.

Damit ist die Aufgabe auf bereits hinreichend erörterte Verfahren zurückgeführt.

---

[1] Siehe H. Keller, Schweiz. Bauztg. Bd. 54 (1909) S. 307.
[2] Vgl. hierzu M. Grübler, Z. VDI 1906 S. 535; ferner die Stodola-Festschrift, 1929.

Schließlich wollen wir hier auch noch folgende Möglichkeit der Spannungsberechnung einer vorgegebenen Scheibe im Ruhezustande hervorheben. Auf das Gleichungspaar (38) zurückgreifend, führen wir in Anschluß an Grammel (s. S. 39)

$$v = \frac{1}{r^2}$$

als neue unabhängige Veränderliche ein. Damit geht jenes Gleichungspaar in

$$S = K'_1 \qquad\qquad D = K'_2 v$$

über. Dieses Gleichungspaar stellt zwei Scharen gerader Linien dar, von denen die erste der Abszissenachse parallel ist, während die zweite durch den Koordinatenursprung geht. Mit Hilfe eines derartigen Diagrammes spielt sich die Berechnung ganz analog dem Donathschen Verfahren ab. Weitere Durchführung möge dem Leser überlassen werden.

Namenverzeichnis.